高职高专工作过程·立体化创新规划教材——计算机系列

U0183195

常用工具软件实用教程
(第 2 版)

史国川　鲁磊纪　杨章静　主　编

吴　敏　束　凯　周丽媛　副主编

清华大学出版社
北　京

内 容 简 介

本书由浅入深、系统全面地介绍了最新实用工具软件。全书共分 12 章，内容包括安全工具软件、系统优化和维护工具软件、磁盘工具软件、文件处理工具软件、光盘工具软件、电子图书浏览和制作工具软件、语音转录及翻译工具软件、图像处理工具软件、娱乐视听工具软件、数字音频处理工具软件、数字视频处理工具软件以及网络常用工具软件等。

本书以工作场景导入—知识讲解—回到工作场景—工作实训营为主线组织编写，每一章都精心挑选了具有代表性的实训题，并对工作中的常见问题进行解析，以便于读者掌握本章的重点和提高实际操作能力。本书结构清晰、易教易学、实例丰富、可操作性强、学以致用，对易混淆和实用性强的内容进行了重点提示和讲解。

本书既可作为高职高专院校的教材，也可作为各类培训班的培训教程。此外，本书也非常适合从事计算机常用软件技术研究与应用的人员参考阅读。

图书在版编目(CIP)数据

常用工具软件实用教程/史国川，鲁磊纪，杨章静主编. —2 版. —北京：清华大学出版社，2020.2
（2024.9重印）

高职高专工作过程·立体化创新规划教材　计算机系列

ISBN 978-7-302-54927-7

Ⅰ. ①常…　Ⅱ. ①史…　②鲁…　③杨…　Ⅲ. ①软件工具—高等职业教育—教材　Ⅳ. ①TP311.561

中国版本图书馆 CIP 数据核字(2020)第 025198 号

责任编辑：章忆文　杨作梅
封面设计：刘孝琼
责任校对：吴春华
责任印制：宋　林

出版发行：清华大学出版社
　　　　网　　址：https://www.tup.com.cn, https://www.wqxuetang.com
　　　　地　　址：北京清华大学学研大厦 A 座　　　邮　　编：100084
　　　　社 总 机：010-83470000　　　　　　　　　邮　　购：010-62786544
　　　　投稿与读者服务：010-62776969, c-service@tup.tsinghua.edu.cn
　　　　质量反馈：010-62772015, zhiliang@tup.tsinghua.edu.cn
　　　　课件下载：https://www.tup.com.cn, 010-62791865
印 装 者：北京嘉实印刷有限公司
经　　销：全国新华书店
开　　本：185mm×260mm　　　印　　张：17.75　　　字　　数：428 千字
版　　次：2014 年 8 月第 1 版　2020 年 4 月第 2 版　印　次：2024 年 9 月第 3 次印刷
定　　价：49.00 元

产品编号：080086-01

丛 书 序

　　高等职业教育强调"以服务为宗旨，以就业为导向，走产学结合发展的道路"。能否服务于社会、促进就业和提高社会对毕业生的满意度，是衡量高等职业教育是否成功的重要指标。坚持"以服务为宗旨，以就业为导向，走产学结合发展的道路"体现了高等职业教育的本质，是其适应社会发展的必然选择。

　　为了提高高职院校的教学质量，培养符合社会需求的高素质人才，我们组织全国高等职业院校的专家、教授组成了"高职高专工作过程·立体化创新规划教材"编审委员会，全面研讨人才培养方案，并结合当前高职教育的实际情况，推出了这套"高职高专工作过程·立体化创新规划教材"丛书，打破了传统的高职教材以学科体系为中心、讲述大量理论知识、再配以实例的编写模式，突出应用性、实践性。一方面，强调课程内容的应用性，以解决实际问题为中心，而不是以学科体系为中心，基础理论知识以应用为目的，以"必需、够用"为度；另一方面，强调课程的实践性，在教学过程中增加实践性环节的比重。

　　本丛书以"工作过程为导向"，强调以培养学生的职业行为能力为宗旨，以现实的职业要求为主线，选择与职业相关的教学内容组织开展教学活动和过程，使学生在学习和实践中掌握职业技能、专业知识及工作方法，从而构建属于自己的经验和知识体系，以解决工作中的实际问题。这在一定程度上契合了高职高专院校教学改革的需求。随着技术的进步、计算机软硬件的更新换代，不断有图书再版和新的图书加入。我们希望通过这一套突出职业素质需求的高质量教材的出版和使用，能促进技能型人才培养的发展。

1. 丛书特点

　　(1) 以项目为依托，注重能力训练。以工作场景导入→知识讲解→回到工作场景→工作实训营为主线编写，体现了以能力为本的教育模式。

　　(2) 内容具有较强的针对性和实用性。丛书以贴近职业岗位要求、注重职业素质培养为基础，以"解决工作场景问题"为中心展开内容，每一章都涵盖了完成本章工作所需的知识和具体操作过程。基础理论知识以应用为目的，以"必需、够用"为度，因而具有很强的针对性与实用性，可提高学生的实际操作能力。

　　(3) 易于学习、提高能力。通过具体案例引出问题，在掌握知识后立刻回到工作场景中解决实际问题，使学生能很快上手，提高实际操作能力；每章结尾的"工作实训营"板块安排了具有代表意义的实训练习，针对问题给出明确的解决步骤，阐明了解决问题的技术要点，并对工作实践中的常见问题进行分析，可使学生进一步提高操作能力。

　　(4) 示例丰富、由浅入深。书中配备了大量经过精心挑选的例题，既能帮助读者理解知识，又具有启发性。针对较难理解的问题，例子都是从简单到复杂，内容逐步深入。

2. 读者定位

　　本丛书主要面向高等职业技术院校和应用型本科院校，同时也非常适合计算机培训班和编程开发人员培训、自学使用。

3. 关于作者

丛书编委会特聘执教多年且有较高学术造诣和实践经验的名师参与各册的编写。他们长期从事有关的教学和开发研究工作，积累了丰富的经验，对相应课程有较深的体会与独特的见解，本丛书凝聚了他们多年的教学经验和心血。

4. 互动交流

本丛书保持了清华大学出版社一贯严谨、科学的图书风格，但由于我国计算机应用技术教育正在蓬勃发展，要编写出满足新形势下教学需求的教材，还需要不断地努力实践。因此，我们非常欢迎全国更多的高校教师积极加入"高职高专工作过程·立体化创新规划教材——计算机系列"编审委员会中来，推荐并参与编写有特色、有创新的教材。同时，我们真诚希望使用本丛书的教师、学生和读者提出宝贵的意见和建议，使之更臻成熟。

丛书编委会

前　　言

本书介绍了安全、系统优化和维护、磁盘、文件处理、光盘、电子图书浏览和制作、语言翻译、图像处理、娱乐视听、数字音频处理、数字视频处理、网络等常用工具软件的应用方法和技巧。读者通过本书的系统学习能够掌握一些常用工具软件的使用，具备解决实际应用问题的能力，基本能满足未来工作的需要。

本书由浅入深、系统全面地介绍了常用软件的具体使用方法和操作技巧。本书共分 12 章，每章均以导入工作场景引出问题，然后详细讲解用来解决问题的知识点，最后回到工作场景中解决问题这一主线引导全文。

本书主要内容如下。

第 1 章主要介绍安全工具软件，如 360 安全卫士、天网防火墙、360 杀毒软件、卡巴斯基反病毒软件、U 盘保护工具的功能、安装和基本操作。

第 2 章主要介绍系统优化和维护工具软件，如 Windows 优化大师的基本概念及常用功能、系统检测工具鲁大师的设置、系统备份工具 Norton Ghost 和完美卸载工具的基本概念及操作。

第 3 章主要介绍磁盘工具软件，包括硬盘分区工具分区精灵、磁盘碎片整理工具 Disk SpeedUp、磁盘清洁工具 CCleaner 以及数据恢复工具 EasyRecovery 的基本概念及常见操作。

第 4 章主要介绍文件处理工具软件，包括压缩管理工具 WinRAR、文件夹加密超级大师、文件分割工具 X-Split 的基本概念和常见操作。

第 5 章主要介绍光盘工具软件，包括光盘刻录工具 Nero Express、光盘文件制作工具 UltraISO 的常见操作。

第 6 章主要介绍电子图书浏览和制作工具软件，包括图书浏览工具超星图书阅览器、PDF 阅读工具 Adobe Reader、电子书制作工具 IEbook 的基本概念和操作。

第 7 章主要介绍语音转录及翻译工具软件，包括语音转写及翻译讯飞听见、电子词典有道词典等的操作。

第 8 章主要介绍图像处理工具软件，包括图像浏览工具 ACDSee、图像美化工具美图秀秀、屏幕截图工具 HyperSnap、电子相册制作工具 Photofamily 的基本概念和常见操作。

第 9 章主要介绍娱乐视听工具软件，包括音乐播放工具酷狗音乐、视频播放工具爱奇艺的基本操作。

第 10 章主要介绍数字音频处理工具软件，包括数字音频编辑工具 Cool Edit Pro、音频格式转换工具全能音频、音频抓取工具 CDex 的基本操作。

第 11 章主要介绍数字视频处理工具软件，包括数字视频制作工具会声会影、视频格式转换工具、屏幕录像工具屏幕录像专家的安装、界面介绍及基本操作。

第 12 章主要介绍网络常用工具软件，包括网络下载工具迅雷、网络存储工具百度网盘、CuteFTP、网络通信工具 QQ、微信电脑版、网页浏览工具 360 浏览器的安装、界面介绍及基本操作。

本书具有以下特点。

(1) 结构清晰、模式合理。以工作场景导入→知识讲解→回到工作场景→工作实训营这种新颖的模式合理安排全书。

(2) 示例丰富、实用性强。本书每一章在讲解软件用法时都列举了大量的例子，并给出了具体的操作步骤，突出了很强的实用性与可操作性。

(3) 上手快、易教学。通过具体案例引出问题，在掌握知识后立刻回到工作场景中解决问题，使学生很快上手；以教与学的实际需要取材谋篇，方便教师教学和学生学习。

(4) 安排实训，提高能力。每一章都安排了"工作实训营"板块，针对问题给出明确的解决步骤，并对工作实践中的常见问题进行分析，使学生进一步提高应用能力。

本书由史国川、鲁磊纪、杨章静任主编，吴敏、束凯、周丽媛任副主编，全书框架由何光明拟定，参与本书编写的还有方星星、吕永强、王飞、赵小帆、黄启东、肖红菊、卢振侠、许悦、石雅琴、陈莉萍等。

本书既可作为高职高专院校部分专业的教材，也可作为各类培训班的培训教程。此外，本书也非常适合计算机爱好者参考阅读。

限于编者水平，书中难免存在不当之处，恳请广大读者批评指正。

编　者

目　　录

第1章

安全工具软件

 **本章要点**

- 360 安全卫士的基本概念及常用功能
- 天网防火墙的概念及基本设置
- 360 杀毒软件的常用功能
- 卡巴斯基反病毒软件的常见操作
- USBCleaner 的主要功能

技能目标

- 熟练使用 360 安全卫士解决电脑的各类基本问题
- 学会配置个人防火墙
- 能够使用杀毒软件成功查杀电脑病毒
- 了解 USBCleaner 的基本功能

1.1　工作场景导入

【工作场景】

　　某公司最近发现部分计算机在任务执行到一半时经常突然死机，而且打开网页的速度和计算机开机的速度都非常慢，为了避免影响公司的工作效率，减少不必要的损失，现需利用安全工具软件对公司的计算机进行一次整体的杀毒和维护。

【引导问题】

　　(1) 如何查杀计算机病毒？
　　(2) 如何提高计算机的运行速度？
　　(3) 如何防止黑客入侵，并避免计算机感染病毒？
　　(4) 如何解决由于员工使用移动设备给计算机带来的病毒？

 ## 1.2　网络安全工具——360 安全卫士

　　网络安全是指网络系统的硬件、软件及其系统中的数据受到保护，不因偶然的或者恶意的原因而遭受破坏、更改、泄露，系统连续可靠正常地运行，网络服务不中断。网络安全从本质上来讲就是指网络上的信息安全。从广义上来说，凡是涉及网络信息的保密性、完整性、可用性、真实性和可控性的相关技术和理论都是网络安全的研究领域。

　　随着网络技术的不断发展，全球信息化已成为人类发展的趋势，由于网络具有开放性和互联性等特征，使得网络易受计算机病毒、黑客、恶意软件和其他不轨行为的攻击，所以维护网络的安全是一项很重要的工作。

1.2.1　360 安全卫士的基本概念

　　360 安全卫士是三六零安全科技股份有限公司推出的功能强、效果好、受用户欢迎的安全上网软件。360 安全卫士拥有木马查杀、电脑清理、系统修复、优化加速等多种功能，并运用分布式智能安全系统——"360 安全大脑"构建整体防御战略体系，可全面、智能地拦截各类木马，保护用户的账号密码、隐私等重要信息。

　　运行 360 安全卫士软件，打开之后将会看到如图 1-1 所示的界面。360 安全卫士有以下几种功能。

　　(1) 我的电脑——对计算机进行故障检测、垃圾检测、安全检测等粗略检查。
　　(2) 木马查杀——使用云查杀、启发式、小红伞、QEX 脚本查杀、QVM II 五引擎杀毒。
　　(3) 电脑清理——给系统瘦身，提高电脑速度。
　　(4) 系统修复——修复系统高危漏洞、软件 BUG 及驱动故障。
　　(5) 优化加速——加快系统运行速度，优化开机、软件、网络、硬盘运行速度。

(6) 功能大全——12.1 版提供 70 种各式各样的功能。

(7) 小金库——提供财产保护。

(8) 软件管家——安全下载、升级、卸载各种软件。

(9) 游戏管家——提供各种游戏下载、加速优化游戏体验。

图 1-1　360 安全卫士界面

1.2.2　360 安全卫士的常用操作

1. 我的电脑

运行 360 安全卫士，将会提示用户进行电脑体检，如图 1-1 所示。单击"立即体检"按钮，360 安全卫士将会对电脑进行初步体检，体检完成之后将显示电脑存在的问题，如图 1-2 所示。用户可以单击"一键修复"按钮，对检测出来的问题进行整体修复，也可以根据自身需要对某些问题进行局部修复。

图 1-2　电脑体检结果

2. 木马查杀

使用 360 安全卫士可以查杀木马。打开 360 安全卫士主界面，切换到"木马查杀"选项卡，如图 1-3 所示。单击"快速查杀"按钮，360 安全卫士将对电脑进行快速扫描，扫描完成之后若发现有安全威胁，可以单击"一键处理"按钮清理木马，如图 1-4 所示，清理完成之后会弹出"木马云查杀"对话框，提示是否重启计算机，可选择"好的，立刻重启"

或"稍后我自行重启"选项，为了保证计算机安全，建议查杀木马之后立即重启计算机。

图 1-3　查杀木马界面　　　　　　　　　　　　图 1-4　木马查杀结果

3．电脑清理

清理电脑垃圾及插件痕迹可以给浏览器和系统瘦身，提高电脑和浏览器的运行速度。打开 360 安全卫士主界面，切换到"电脑清理"选项卡，如图 1-5 所示，单击"全面清理"按钮。扫描完成之后会列出各种软件、注册表、系统、插件、使用痕迹等垃圾信息，如图 1-6 所示，可以单击"一键清理"按钮，对系统发现的各种垃圾进行清理，也可自行选择要清理的垃圾，如图 1-7 所示，选择其中需要清理的条目，单击"清理"按钮，即可清理选中的电脑垃圾。

图 1-5　电脑清理界面　　　　　　　　　　　　图 1-6　电脑清理扫描结果

图 1-7　单一垃圾清理界面

4．系统修复

及时修复系统漏洞、软件 BUG 及驱动问题，可以防止外界的恶意入侵，使软硬件能正确安全地使用。打开 360 安全卫士主界面，切换到"系统修复"选项卡，如图 1-8 所示。单击"全面修复"按钮，软件将扫描系统中的漏洞、常用软件的漏洞及驱动适配情况，扫描完成之后会显示系统中需要修复的各种信息，如图 1-9 所示。选中要修复的漏洞，单击"一键修复"按钮，即可修复当前系统中存在的一些漏洞。

图 1-8　系统修复界面　　　　　　　　　图 1-9　系统修复扫描结果

5．优化加速

关闭不必要的开机启动项能加快电脑开机的速度，优化网络配置及硬盘传输效率，清理电脑中的垃圾可以提升系统的运行性能，能够拥有一个干净、顺畅的系统环境。打开 360 安全卫士主界面，切换到"优化加速"选项卡，如图 1-10 所示。单击"全面加速"按钮，扫描完成后列表中会显示当前系统中可优化的项目，如图 1-11 所示。单击"立即优化"按钮即可完成系统的优化加速，也可先对非默认优化项目进行勾选后再进行优化加速。

图 1-10　优化加速界面　　　　　　　　　图 1-11　优化加速扫描结果

1.3　个人防火墙工具——天网防火墙

网络技术的迅速发展给人们的生活带来了很多便利，在享受网络所带来的快乐和快捷的同时，我们也必须考虑网络的安全性。在网络安全方面，需要安装防火墙来抵御黑客的入侵和袭击。本章将介绍一款优秀的防火墙——天网防火墙，利用它可以抵御各种不法攻击，维护网络安全，保障账号和资料不外泄。

1.3.1 天网防火墙的基本概念

天网防火墙是我国首个达到国际一流水平，首批获得国家信息安全认证中心、国家公安部、国家安全部认证的软硬件一体化网络安全产品，其性能指标及技术指标达到世界同类产品先进水平。天网防火墙发展到现在，已经在多项网络安全关键技术上取得重大突破，特别是强大的 DoS 防御功能更是傲视同行。本节使用的是天网防火墙个人版 V3.0.0.1015。

天网防火墙根据系统管理者设定的安全规则保护网络，提供强大的访问控制、应用选通、信息过滤等功能。它可以帮助用户抵挡网络入侵和攻击，防止信息泄露，并可与天网安全实验室的网站相配合，根据可疑的攻击信息，找到攻击者。

天网防火墙可以把网络分为本地网和互联网，可以针对来自不同网络的信息，设置不同的安全方案，适合于任何方式上网的用户。

天网防火墙个人版是一款由天网安全实验室制作的、提供给个人电脑使用的网络安全程序。它根据系统管理者设定的安全规则，能够在黑客的攻击数据接触到 Windows 网络驱动之前，就将所有的攻击数据拦截，从而有效地防止信息泄露，保护资料安全。天网防火墙个人版的主界面如图 1-12 所示。

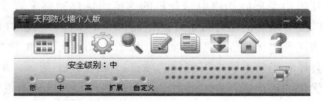

图 1-12 天网防火墙个人版的主界面

1.3.2 天网防火墙的基本设置

天网防火墙安装完成之后，即可对防火墙系统进行基本的设置，使得防火墙的功能更强大。天网防火墙的基本设置步骤如下。

(1) 启动天网防火墙，单击"系统设置"按钮，打开系统设置界面，如图 1-13 所示。

(2) 在"启动"选项组中选中"开机后自动启动防火墙"复选框，则在计算机开机时就会启动防火墙，建议用户选中此复选框。

(3) 在"局域网地址设定"选项组中输入用户在局域网内的 IP 地址，防火墙将以此确定局域网或者 Internet 来源，完成后单击"确定"按钮完成设置。

图 1-13 系统设置界面

1.3.3　设置安全级别

天网防火墙可以根据实际情况和个人需求来设置不同的安全级别。天网防火墙提供了两种设置安全级别的方式，分别是选择已设定好的安全方案和自定义 IP 规则。下面分别介绍两种方式的设置方法。

1. 选择已设定好的安全方案

采用已设定好的安全方案设置安全级别的操作方法如下。

打开天网防火墙，在主界面上可以发现提供了四个可以选择的安全级别，分别是低、中、高、扩。单击所需设置的级别，安全级别下的■图标将对准所选择的安全级别，此时表明设置成功，如图 1-14 所示。

2. 自定义 IP 规则

采用"自定义 IP 规则"这种方式设置安全级别的操作方法如下。

打开天网防火墙，在主界面上单击"IP 规则管理"图标按钮，打开"自定义 IP 规则"界面，如图 1-15 所示。"自定义 IP 规则"界面上提供了一个小工具栏，如图 1-16 所示。只要单击其中的图标按钮，就可以完成添加、修改、删除 IP 规则等操作。在下面的 IP 规则列表框中选中所需 IP 规则前的复选框，即可完成自定义 IP 规则的任务。

图 1-14　设置安全级别界面

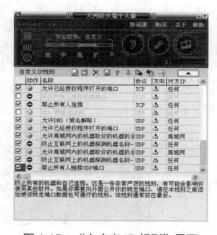

图 1-15　"自定义 IP 规则"界面

图 1-16　自定义 IP 规则工具栏

1.4　查杀病毒工具

随着计算机的普及和不断发展，人们与计算机的关系日渐亲密，工作、生活等方方面面似乎都已离不开它。然而，计算机病毒也在快速地发展和传播，直接损害着人们的利益，造成巨大的损失。为了保障人们生活、工作的信息安全，在计算机中安装一款高效的杀毒软件是很有必要的。

杀毒软件，也称反病毒软件或防毒软件，是用于消除电脑病毒、特洛伊木马和恶意软件的一类软件。杀毒软件通常集成监控识别、病毒扫描和清除以及自动升级等功能，有的杀毒软件还带有数据恢复等功能，是计算机防御系统(包含杀毒软件、防火墙、特洛伊木马和其他恶意软件的查杀程序、入侵预防系统等)的重要组成部分。本节将介绍两款优秀的杀毒软件：360 杀毒、卡巴斯基反病毒软件。

1.4.1　初识 360 杀毒

360 杀毒是中国用户量最大的杀毒软件之一，它创新性地整合了五大领先防杀引擎，包括国际知名的 BitDefender 病毒查杀引擎、小红伞病毒查杀引擎、360 云查杀引擎、360 主动防御引擎、360QVM 人工智能引擎。五个引擎智能调度，不但查杀能力出色，而且能第一时间防御新出现的病毒木马。360 杀毒轻巧快速，对系统资源占用少，误杀率较低。

运行 360 杀毒软件，打开之后将会看到如图 1-17 所示的界面。

360 杀毒软件有以下几种功能。

(1) 全盘扫描——对计算机系统设置、软件、内存、开机启动项、磁盘进行全面检查。

(2) 快速扫描——对计算机系统设置、软件、内存、开机启动项、系统关键位置进行检查。

(3) 功能大全——5.0.0.8160 版提供系统安全、系统优化、系统急救三大类 22 种功能。

(4) 自定义扫描——对指定磁盘位置进行病毒扫描。

(5) 宏病毒扫描——对磁盘中所有文档和模板进行宏病毒扫描。

(6) 弹窗过滤——对各类软件弹窗进行拦截。

(7) 软件管家——安全下载软件、小工具。

图 1-17　360 杀毒 5.0.0.8160 版的主界面

1.4.2　360 杀毒软件常用操作

1. 全盘扫描

运行 360 杀毒软件，将会显示 360 杀毒软件主界面。单击"全盘扫描"按钮，将会提示是否在本次扫描期间忽略白名单，建议选择"忽略白名单"，而后进入全盘扫描模式并对计算机的系统设置、常用软件、内存活跃程序、开机启动项、所有磁盘文件进行扫描(扫描时间视磁盘内文件总数而定)，如图 1-18 所示，扫描完成后会列出系统存在的各类问题，如图 1-19 所示，单击"立即处理"按钮，开始清理系统存在的各种问题，为了保证计算机安全，建议清理完成后立即重启计算机。

图 1-18　全盘扫描过程中的界面

图 1-19　全盘扫描完成的界面

2. 快速扫描

运行 360 杀毒软件，将会显示 360 杀毒主界面。单击"快速扫描"按钮，进入快速扫描模式并对计算机的系统设置、常用软件、内存活跃程序、开机启动项、系统关键位置进行扫描，如图 1-20 所示。扫描完成后会列出系统存在的问题，如图 1-21 所示。单击"立即处理"按钮，开始清理系统存在的问题，若高危风险项数目较多，建议再进行一次全盘扫描。

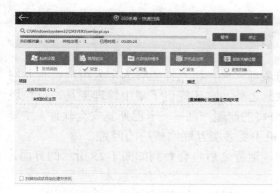

图 1-20　快速扫描过程中的界面

图 1-21　快速扫描完成的界面

3．自定义扫描

运行 360 杀毒软件，将会显示 360 杀毒主界面。单击右下角的"自定义扫描"按钮，将会弹出"选择扫描目录"对话框，如图 1-22 所示。选择所需扫描的一个或多个盘符或文件夹，单击"扫描"按钮，而后进入自定义扫描模式进行扫描，如图 1-23 所示。扫描完成后会列出系统存在的异常项及高风险项，如图 1-24 所示。单击"立即处理"按钮，开始清理系统存在的异常项及高风险项，为了保证计算机安全，建议清理完成后立即重启计算机。

图 1-22　"选择扫描目录"对话框 　　　　图 1-23　自定义扫描过程中的界面

图 1-24　自定义扫描完成的界面

1.4.3　卡巴斯基反病毒软件简介

卡巴斯基反病毒软件是一款来自俄罗斯的杀毒软件。该软件能够为个人用户、企业网络提供反病毒、防黑客和反垃圾邮件产品。除此之外，它还提供了集中管理工具、反垃圾邮件系统、个人防火墙和移动设备的保护。该公司的旗舰产品——卡巴斯基安全软件，主要针对家庭及个人用户，能够彻底保护用户计算机不受各类互联网威胁的侵害。

此处介绍的是卡巴斯基反病毒软件 20.0.14，运行之后将会看到如图 1-25 所示的界面，它有以下几大功能。

(1) 扫描——包含全盘扫描、快速扫描、可选择扫描、外部设备扫描及漏洞扫描。

(2) 数据库更新——更新软件数据库和应用程序组件。

(3) 报告——查看今天及之前软件进行的一些处理情况。

(4) 屏幕键盘——打开安全键盘，避免个人隐私数据被跟踪窃取。

图 1-25　卡巴斯基反病毒软件 20.0.14 版的主界面

1.4.4　卡巴斯基反病毒软件常用操作

1. 扫描

运行卡巴斯基反病毒软件，将会显示主界面。单击"扫描"按钮，在新的界面中选择"全盘扫描"或者"快速扫描"选项，而后单击"运行扫描"按钮，将进入所选扫描模式进行扫描，如图 1-26 所示。扫描过程中若有病毒，软件会自动清除或删除，为了保证计算机安全，建议扫描完成后立即重启计算机。

图 1-26　全盘扫描中的界面

2. 数据库更新

运行卡巴斯基反病毒软件，将会显示主界面。单击"数据库更新"按钮，而后单击"运行更新"按钮，会自动连接服务器下载最新软件及病毒库文件，如图 1-27 所示。为了保证计算机安全，建议定期进行数据库更新。

图 1-27　数据库更新中的界面

 1.5　U 盘保护工具——USBCleaner

1.5.1　初识 USBCleaner

　　USBCleaner 是一款纯绿色的辅助杀毒软件，此软件具有侦测 1000 余种 U 盘病毒、U 盘病毒广谱扫描、U 盘病毒免疫、修复显示隐藏文件及系统文件、安全卸载移动 U 盘/硬盘盘符等功能。同时，USBCleaner 能迅速对新出现的 U 盘病毒进行处理。USBCleaner V6.0 主界面如图 1-28 所示。

图 1-28　USBCleaner V6.0 主界面

　　USBCleaner 有以下几种功能。

　　(1) U 盘病毒侦测——包括全面检测、广谱检测及移动盘检测，主要对已知的 U 盘病毒进行查杀及快速检测未知的 U 盘病毒。

(2) U 盘病毒免疫——关闭系统自动播放与建立免疫文件夹，减小系统感染 U 盘病毒的概率。

(3) 系统修复——包括修复隐藏文件与系统文件的显示，映像劫持修复与检测，安全模式修复，修复被禁用的任务管理器，修复被禁用的注册表管理器等。

(4) U 盘非物理写保护——保护 U 盘不被恶意写入。

(5) 文件目录强制删除——协助清除一些顽固的畸形文件夹目录。

1.5.2 简单使用 USBCleaner

1．全面检测

运行 USBCleaner 软件，在主界面单击"全面检测"按钮，开始查杀 U 盘病毒，如图 1-29 所示。病毒查杀完成后将弹出"是否要进行广谱深度检测……"提示框，如图 1-30 所示，单击"是"按钮，将进行广谱深度检测。若用户在运行软件之前没有插入移动设备，将会弹出提示对话框。用户正确插入移动设备之后，单击"确定"按钮，将查杀 U 盘病毒，查杀完成之后将弹出"移动存储病毒处理模块 V1.1"界面，如图 1-31 所示。此时，用户可以选择检测 U 盘或检测移动硬盘，例如单击"检测 U 盘"按钮，将弹出提示用户不能插拔 U 盘对话框，如图 1-32 所示。单击"确定"按钮，弹出"已发现 U 盘 F:\将调用查杀模块……"对话框，如图 1-33 所示，单击"确定"按钮，将查杀 U 盘病毒。查杀完成之后弹出检测结果对话框，如图 1-34 所示，告知用户 U 盘病毒查杀情况。U 盘病毒查杀全部完成之后将弹出操作日志界面，如图 1-35 所示，此时全面检测完毕。

图 1-29 全面检测中的界面

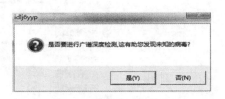

图 1-30 "是否要进行广谱深度检测……"对话框

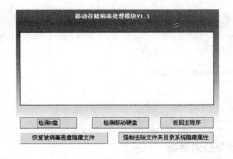

图 1-31 "移动存储病毒处理模块 V1.1"界面

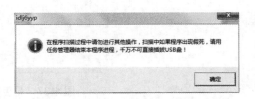

图 1-32 提示用户不能插拔 U 盘对话框

图 1-33 "已发现 U 盘 F:\将调用查杀模块……"对话框

图 1-34 检测结果对话框

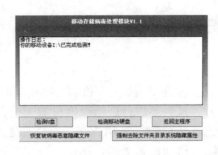

图 1-35 操作日志界面

2．U 盘病毒免疫

运行 USBCleaner 软件，切换到"工具及插件"选项卡，如图 1-36 所示。单击"U 盘病毒免疫"按钮，"设置免疫文件夹"选项下列出了计算机中所有盘的信息，单击"设置所有"文字链接，将弹出是否将所有盘免疫对话框，单击"是"按钮，如图 1-37 所示，即可成功地将所有盘添加到免疫文件夹。

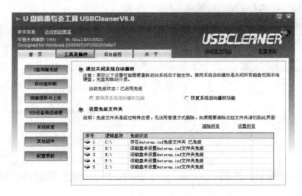

图 1-36 "工具及插件"选项卡

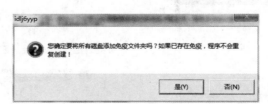

图 1-37 是否将所有盘免疫对话框

1.6　回到工作场景

通过 1.2～1.5 节内容的学习，相信读者已经掌握了常用安全工具软件的基本概念，以及如何使用这些安全工具软件解决计算机出现的各种问题的方法，并足以完成 1.1 节工作场景中的任务了。具体的实现过程如下。

【工作过程一】

分析该公司计算机出现的故障，可能是感染了病毒，此时应该利用杀毒软件进行全盘杀毒。此处用本章推荐的一款杀毒软件——360 杀毒进行全盘查杀，具体操作步骤如下。

(1) 选择"开始"|"所有程序"|"360 安全中心"|"360 杀毒"|"360 杀毒"命令，或双击桌面上的 360 杀毒软件快捷方式图标，启动 360 杀毒软件，如图 1-38 所示。

图 1-38　360 杀毒软件主界面

(2) 单击"全盘扫描"按钮，进行全盘扫描，如图 1-39 所示。

图 1-39　全盘扫描

(3) 扫描结束后，会列出检测出的所有病毒及异常项，此时用户只需单击"立即处理"按钮，即可清除计算机中存在的病毒及修复异常项。

【工作过程二】

为了提高该公司计算机的运行速度，可以选用 360 安全卫士进行系统修复和垃圾清理等操作，具体操作步骤如下。

(1) 选择"开始"|"所有程序"|"360 安全中心"|"360 安全卫士"|"360 安全卫士"命令，或双击桌面上的 360 安全卫士快捷方式图标，打开"360 安全卫士"主界面。

(2) 切换到"系统修复"选项卡，如图 1-40 所示。

图 1-40 "系统修复"选项卡

(3) 单击"全面修复"按钮，开始扫描需要修复的项目，如图 1-41 所示，扫描完成后单击"一键修复"按钮即可。

图 1-41 全面修复扫描中的界面

(4) 系统修复完成之后，切换到"电脑清理"选项卡，单击"全面清理"按钮进行垃圾清理，如图 1-42 所示。扫描完成后选择所需清理的垃圾，而后单击"一键清理"按钮即可。

(5) 为了提高计算机的速度，可在垃圾清理完成之后，切换到"优化加速"选项卡，单击"全面加速"按钮，对可优化加速的项目进行扫描，如图 1-43 所示。扫描完成后选择所需优化的项目，而后单击"立即优化"按钮即可。

图 1-42　电脑清理扫描中的界面

图 1-43　全面加速扫描中的界面

【工作过程三】

为了防止黑客入侵该公司计算机窃取信息，故意在该公司计算机中植入病毒，该公司可以在所有计算机上安装防火墙，此处以安装天网防火墙为例进行讲解，操作步骤如下。

(1) 在天网防火墙官网下载最新版本的防火墙，并在公司所有计算机上安装完毕。

(2) 选择"开始"|"所有程序"|"天网防火墙个人版"|"天网防火墙个人版"命令，启动天网防火墙。

(3) 在主界面上可以发现天网防火墙提供了四个可以选择的安全级别，分别是低、中、高、扩展。将鼠标移到需要的安全级别下，鼠标就会变成小手形状，此处设置安全级别为"高"，单击鼠标左键，使安全级别下的三角图标对准所选择的安全级别，设置成功。

(4) 单击主界面上的"系统设置"按钮🔧，打开系统设置面板。

(5) 在"启动"选项组中选中"开机后自动启动防火墙"复选框，则会在计算机开机时自动启动防火墙，保护计算机不受外来病毒入侵。

【工作过程四】

为避免由于公司员工自身的移动设备携带病毒感染所有计算机及移动设备，该公司可

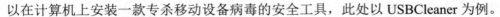

以在计算机上安装一款专杀移动设备病毒的安全工具，此处以 USBCleaner 为例。

在公司的每台计算机上安装 USBCleaner 软件后，当员工在计算机上插入移动设备时，可以先利用该软件对移动设备进行扫描，清除其所携带的病毒和威胁，保护公司信息安全。

 # 1.7　工作实训营

1.7.1　训练实例

1．训练内容

利用 360 安全卫士进行电脑体检，解决扫描出来的各种问题，并利用 360 杀毒对计算机 C 盘进行杀毒。

2．训练目的

熟练使用安全工具软件对计算机进行常规维护及问题处理。

3．训练过程

具体实现步骤如下。

(1) 选择"开始"|"所有程序"|"360 安全中心"|"360 安全卫士"|"360 安全卫士"命令，或双击桌面上的 360 安全卫士快捷方式图标，打开"360 安全卫士"主界面，而后单击"立即体检"按钮，进行电脑体检，具体操作参照 1.2.2 节下的"1. 我的电脑"进行。

(2) 关闭 360 安全卫士，并选择"开始"|"所有程序"|"360 安全中心"|"360 杀毒"|"360 杀毒"命令，或双击桌面上的 360 杀毒快捷方式图标，打开"360 杀毒"主界面，而后单击"自定义扫描"按钮，弹出"选择扫描目录"对话框，如图 1-44 所示。选中 C 盘前面的复选框，单击"确定"按钮，即只对 C 盘进行病毒查杀。

图 1-44　"选择扫描目录"对话框

4．技术要点

利用 360 安全卫士的"立即体检"功能对计算机中的系统进行整体扫描，利用"自定义扫描"功能，对计算机核心盘进行快速杀毒。

1.7.2　工作实践常见问题解析

【问题 1】浏览器图标出现异常或上不了网。

【答】可以在 360 安全卫士"系统修复"选项卡中单击"全面修复"按钮解决。

【问题 2】电脑运行速度缓慢。

【答】可以在 360 安全卫士"电脑清理"选项卡中单击"全面清理"按钮解决。

【问题 3】QQ、微信等账号密码经常被盗。

【答】可以利用 360 安全卫士查杀木马，防止木马盗号。

【问题 4】电脑出现大量来历不明的文件。

【答】可以利用 360 杀毒软件进行全盘病毒查杀。

【问题 5】电脑遭黑客入侵。

【答】可以安装个人防火墙来防止黑客攻击。

小　结

本章主要介绍了一些常用的安全工具软件：网络安全工具、防火墙、杀毒软件和 U 盘保护工具等。通过本章的学习，读者可以熟练使用 360 安全卫士软件清理插件、修复漏洞等，学会配置个人防火墙以防止黑客入侵，能够灵活地运用一些杀毒软件顺利查杀电脑病毒，并可以了解一些 U 盘保护工具，解决 U 盘工作时遇到的一些常见问题。

习　题

1. 使用 360 安全卫士对电脑进行全面体检，并清除上网所产生的垃圾文件。
2. 为个人电脑配置个人防火墙。
3. 使用 360 杀毒软件对电脑进行全盘病毒查杀。
4. 利用 USBCleaner 成功禁用系统自动播放功能。

第 2 章

系统优化和维护工具软件

 本章要点

- Windows 优化大师的基本概念及常用功能
- 鲁大师的概念及设置
- 系统备份工具
- 完美卸载的基本概念及功能

技能目标

- 熟悉 Windows 优化大师的常用操作，学会使用 Windows 优化大师进行系统优化
- 掌握鲁大师的设置功能
- 了解常用的系统备份工具
- 熟练使用完美卸载软件卸载电脑中的程序

2.1 工作场景导入

【工作场景】

某学校机房的部分电脑由于很早投入使用,操作系统一直没有更换,近期发现这些电脑的系统性能有明显的下降,系统运行速度非常慢。现需对这些电脑进行一个整体的优化、清理和维护。

【引导问题】

(1) 怎样进行系统优化?
(2) 如何清理计算机系统和安装驱动?

 ## 2.2 系统优化工具——Windows 优化大师

2.2.1 Windows 优化大师的基本概念

Windows 优化大师是一款功能强大的系统辅助软件,它提供了全面有效且简便安全的系统检测、系统优化、系统清理和系统维护四大功能模块及数个附加的工具软件。使用Windows 优化大师,能够有效地帮助用户了解自己计算机的软硬件信息,简化操作系统设置步骤,提升计算机运行效率,清理系统运行时所产生的垃圾,修复系统故障及安全漏洞,维护系统的正常运转。Windows 优化大师是获得英特尔测试认证的全球软件合作伙伴之一,得到了英特尔在技术开发与资源平台上的支持,并针对英特尔多核处理器进行了全面的性能优化及兼容性改进。

本节以 Windows 优化大师 7.99 为例进行介绍,其主界面如图 2-1 所示。

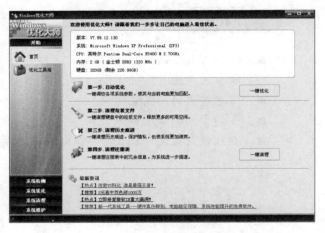

图 2-1　Windows 优化大师主界面

Windows 优化大师的主要功能特点如下。

(1) 具有全面的系统优化选项。为用户提供简便的自动优化向导，优化项目均提供恢复功能。

(2) 详细准确的系统检测功能。提供详细准确的硬件、软件信息，提供系统性能进一步提升的建议。

(3) 强大的清理功能。快速安全清理注册表，清理选中的硬盘分区或指定目录。

(4) 有效的系统维护模块。检测和修复磁盘问题，对文件加密与恢复。

2.2.2　系统检测

Windows 优化大师的"系统检测"模块可以提供系统的硬件、软件情况报告，同时提供的系统性能测试可以帮助用户了解计算机的 CPU/内存速度、显卡速度等。检测结果可以保存为文件，方便今后对比和参考。检测过程中，Windows 优化大师会对部分关键性能指标提出性能提升建议。

系统检测模块分为系统信息总览、软件信息列表和更多硬件信息三大类，如图 2-2 所示。

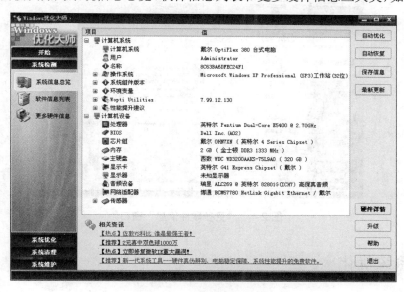

图 2-2　"系统检测"模块

单击"系统检测"模块中的"软件信息列表"按钮，主界面将显示各类软件的信息，如图 2-3 所示。

单击"系统检测"模块中的"更多硬件信息"按钮，主界面将显示详细的计算机硬件配置信息，如图 2-4 所示。

图 2-3　软件信息列表

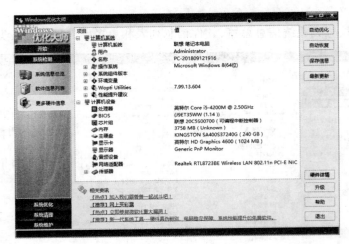

图 2-4　"更多硬件信息"窗口

2.2.3　系统优化

Windows 优化大师的"系统优化"模块包括：磁盘缓存优化、桌面菜单优化、文件系统优化、网络系统优化、开机速度优化、系统安全优化、系统个性设置、后台服务优化以及自定义设置项等。

1．磁盘缓存优化

磁盘缓存优化可以提高磁盘和 CPU 的数据传输速度，具体步骤如下。

(1) 启动 Windows 优化大师，打开 Windows 优化大师的主界面。

(2) 在 Windows 优化大师的主界面上单击"系统优化"按钮，展开"系统优化"模块，默认为"磁盘缓存优化"选项设置界面，如图 2-5 所示。

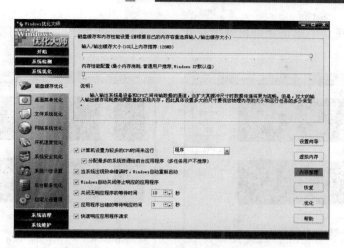

图 2-5　"磁盘缓存优化"选项设置界面

(3) 用户可以在"磁盘缓存优化"选项设置界面中对磁盘缓存和内存性能进行设置，根据计算机的内存容量选择输入/输出缓存大小。

(4) 单击"设置向导"按钮，弹出"磁盘缓存设置向导"对话框，如图 2-6 所示，用户可以根据提示完成磁盘缓存设置。

(5) 单击"虚拟内存"按钮，弹出"虚拟内存设置"对话框，如图 2-7 所示。用户可以为每个分区设置虚拟内存，设置完成后单击"确定"按钮即可。

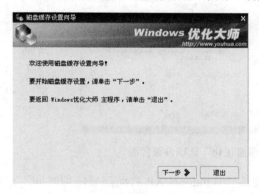

图 2-6　"磁盘缓存设置向导"对话框

图 2-7　"虚拟内存设置"对话框

(6) 单击"内存整理"按钮，弹出"Wopti 内存整理"对话框，如图 2-8 所示。单击"快速释放"按钮，即可释放内存，如图 2-9 所示。

(7) 返回"磁盘缓存优化"选项设置界面，单击"恢复"按钮，可将设置恢复成默认状态。单击"优化"按钮，可以优化磁盘缓存。

2．开机速度优化

Windows 优化大师主要通过减少引导信息停留时间和取消不必要的开机自运行程序来实现开机速度的优化，具体步骤如下。

(1) 启动 Windows 优化大师，打开 Windows 优化大师的主界面。

(2) 在 Windows 优化大师的主界面上单击"系统优化"按钮，展开"系统优化"模块。

在"系统优化"模块中单击"开机速度优化"按钮,打开"开机速度优化"选项设置界面,如图 2-10 所示。

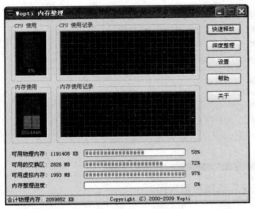

图 2-8　"Wopti 内存整理"对话框

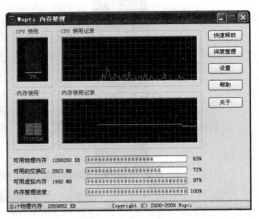

图 2-9　快速释放

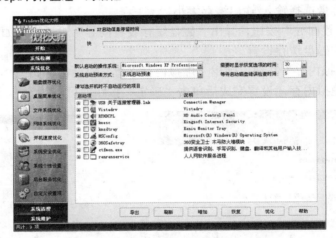

图 2-10　"开机速度优化"选项设置界面

　　(3) 在"开机速度优化"选项设置界面的"Windows XP 启动信息停留时间"选项组中移动滑块可以调整 Windows XP 启动信息的停留时间。

　　(4) 若需要取消某些开机自启动项目,可以在"启动项"列表中选中相应项目前面的复选框,然后单击"优化"按钮。若需要增加某些开机自启动项目,则单击"增加"按钮,弹出"增加开机自动运行的程序"对话框,如图 2-11 所示。

图 2-11　"增加开机自动运行的程序"对话框

(5) 单击 🖿 按钮，弹出"请选择系统启动时需自动运行的程序"对话框，如图 2-12 所示。选中需要启动的项目，单击"打开"按钮，返回到"增加开机自动运行的程序"对话框。在"名称"文本框中输入项目名称，单击"确定"按钮，弹出提示成功添加开机自启动项目的对话框，单击"确定"按钮，将返回"开机速度优化"选项设置界面，最后单击"优化"按钮即可。

图 2-12　"请选择系统启动时需自动运行的程序"对话框

3．系统安全优化

使用 Windows 优化大师进行系统安全优化的步骤如下。

(1) 启动 Windows 优化大师，打开 Windows 优化大师的主界面。

(2) 在 Windows 优化大师的主界面上单击"系统优化"按钮，展开"系统优化"模块，然后单击"系统安全优化"按钮，打开"系统安全优化"选项设置界面，如图 2-13 所示。

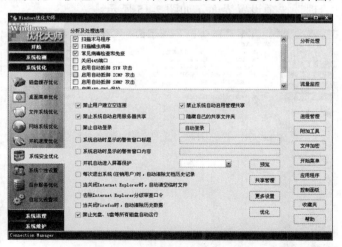

图 2-13　"系统安全优化"选项设置界面

(3) 在右侧窗格中选中"分析及处理选项"列表框中的所有复选框，然后单击"分析处理"按钮，弹出"安全检查"对话框，检查结果如图 2-14 所示。单击"关闭"按钮，关闭

"安全检查"对话框。

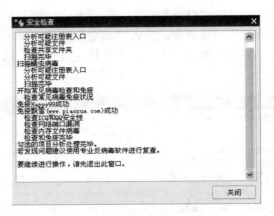

图 2-14 "安全检查"对话框

(4) 返回"系统安全优化"选项设置界面,用户可以选中"禁止用户建立空连接""隐藏自己的共享文件夹"等复选框,以便进一步增强系统的安全性。

2.2.4 系统清理

Windows 优化大师的"系统清理"模块包括注册信息清理、磁盘文件管理、冗余 DLL 清理、ActiveX 清理、软件智能卸载、历史痕迹清理以及安装补丁清理等。下面以"注册信息清理"为例进行讲解,具体步骤如下。

(1) 启动 Windows 优化大师,打开 Windows 优化大师主界面。

(2) 在 Windows 优化大师主界面上单击"系统清理"按钮,展开"系统清理"模块,默认为"注册信息清理"选项设置界面,如图 2-15 所示。

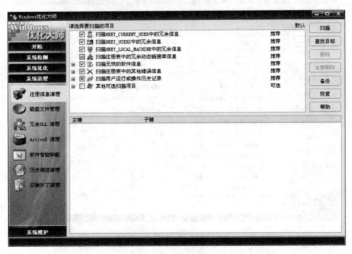

图 2-15 "注册信息清理"选项设置界面

(3) 选中要扫描的目标,然后单击"扫描"按钮,开始扫描。扫描结束后,在列表中将显示冗余的注册信息，如图 2-16 所示。

(4) 选中要删除的注册信息，然后单击"删除"按钮即可。

图 2-16　扫描结果

2.2.5　系统维护

Windows 优化大师的"系统维护"模块包括系统磁盘医生、磁盘碎片整理、驱动智能备份、其他设置选项、系统维护日志以及 360 杀毒等。下面以"系统磁盘医生"为例进行讲解，具体步骤如下。

(1) 启动 Windows 优化大师，打开 Windows 优化大师的主界面。

(2) 在 Windows 优化大师的主界面上单击"系统维护"按钮，展开"系统维护"模块，默认为"系统磁盘医生"选项设置界面。

(3) 在分区列表中选中要检查的分区，然后单击"检查"按钮，弹出说明与建议对话框，如图 2-17 所示。

图 2-17　说明与建议对话框

(4) 单击"确定"按钮，开始检查磁盘，检查结果如图 2-18 所示。

(5) 单击"选项"按钮，进入"系统磁盘医生"选项设置界面，可以设置系统磁盘医生选项，如图 2-19 所示。

(6) 单击"扫描"按钮，可以扫描所有受保护的系统文件并用正确的 Microsoft 版本替换不正确的版本。

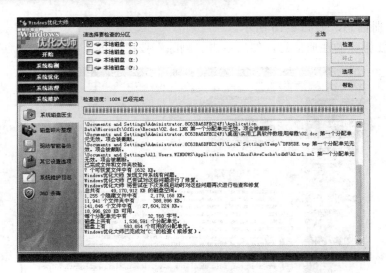

图 2-18　磁盘检查结果

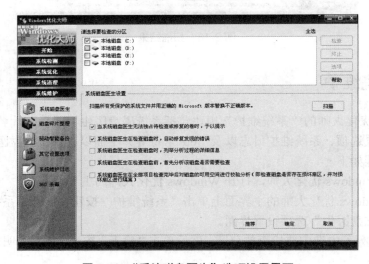

图 2-19　"系统磁盘医生"选项设置界面

2.3　系统设置工具——鲁大师

2.3.1　初识鲁大师

　　鲁大师(原名：Z 武器)是一款个人电脑系统工具，支持 Windows 2000 以上的所有 Windows 系统版本，它是首款检查并尝试修复硬件的软件，能轻松辨别电脑硬件的真伪，测试电脑配置，测试电脑温度，保护电脑稳定运行，清查电脑病毒隐患，优化清理系统，提升电脑运行速度。适合于各种品牌台式机、笔记本电脑、DIY 兼容机。鲁大师可以帮助用户快速升级补丁，安全修复漏洞，远离黑屏困扰，更有硬件温度监测等功能带给用户更稳定的电脑应用体验。如果你要购买电脑、升级系统，那么请不要拒绝鲁大师的帮助。

本节以鲁大师 5.19 版本为例进行讲解，其主界面如图 2-20 所示。

图 2-20　鲁大师主界面

鲁大师的主要功能如下。

1. 硬件检测

在"硬件检测"选项卡中，鲁大师显示计算机的硬件配置的简洁报告。

2. 温度管理

在"温度管理"选项卡中，鲁大师显示计算机各类硬件的温度变化曲线图表。

3. 性能测试

电脑综合性能评分是通过模拟电脑计算获得的 CPU 速度测评分数和模拟 3D 游戏场景获得的游戏性能测评分数综合计算所得。该分数能表示电脑的综合性能。测试完毕后会输出测试结果和建议。

4. 驱动检测

此处整合了驱动的检测、安装、备份与恢复等功能。当检测到电脑硬件有新的驱动时，"驱动安装"栏目将会显示硬件名称、设备类型、驱动大小、已安装的驱动版本、可升级的驱动版本。当电脑的驱动出现问题或者想将驱动恢复至上一个版本的时候，就可以使用已备份的驱动数据来进行恢复操作。

5. 清理优化

清理优化拥有全智能的一键优化和一键恢复功能，其中包括对系统响应速度优化、用户界面速度优化、文件系统优化、网络优化等优化功能。

6. 装机必备

一键找全必备软件，安装软件经由鲁大师软件库筛选与检测，保证了更好的便利性与安全性。

7．游戏库

每日推荐一款好玩的网络游戏，更有多种游戏任你玩。

2.3.2　鲁大师系统设置

鲁大师是一款专业易用的硬件工具，准确的硬件检测功能可以协助用户辨别硬件的真伪，并且可以为用户提供中文的硬件名称，让计算机配置一目了然。同时，硬件防护功能可以自动寻找发热部件，调节其运行状态，确保计算机运行温度保持在合理范围内，减少被烧毁的风险并延长计算机使用寿命。鲁大师还拥有硬件清理功能，能深入检测并清理计算机硬件垃圾，使其保持良好的运行状态。

1．硬件检测

鲁大师硬件检测的具体步骤如下。

(1) 运行鲁大师，进入鲁大师主界面，单击"硬件检测"按钮，切换到"硬件检测"选项卡，如图 2-21 所示。

图 2-21　"硬件检测"选项卡

(2) 在"硬件检测"选项卡的"电脑预览"选项面板中显示计算机的硬件配置的简洁报告，主要包含电脑型号、操作系统、处理器、主板、内存、主硬盘、显卡、显示器、声卡、网卡的产品信息和主要参数。单击相关的信息按钮，可以显示更具体的硬件参数。

(3) 单击"硬件健康"按钮，显示计算机硬件的主要使用数据，如硬盘使用时间、内存制造日期等，如图 2-22 所示。

2．温度管理

温度管理是鲁大师团队运用专业的计算机硬件管理技术开发的全新功能。此功能主要应用在时下各种型号的台式机与笔记本上，其作用为智能检测计算机当下应用环境，智能控制当下硬件的功耗，在不影响计算机使用效率的前提下，降低计算机不必要的功耗，从而减少计算机的电力消耗与发热量。特别是在笔记本的应用上，通过鲁大师的智能控制技术，可以使笔记本在无外接电源的情况下，使用更长的时间。

图 2-22　硬件使用数据

在"温度监控"界面中，显示本机主要部件的实时温度情况，如图 2-23 所示。

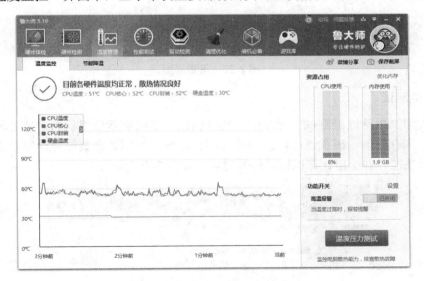

图 2-23　"温度监控"界面

在"温度监控"界面，通过单击右侧的"优化内存"按钮，一键极速优化释放物理内存，加快计算机运行速度。

在"节能降温"界面中，可以进行简单的设备省电管理设置，如图 2-24 所示。也可以单击右侧的"设置"按钮进行更细化的设置操作，如温度过高自动报警操作，以及自动内存优化操作等，如图 2-25 所示。

图 2-24　"节能降温"界面

图 2-25　设置界面

3．性能测试

在鲁大师"电脑性能测试"界面中，通过模拟计算机实际使用状态，从处理器性能、显卡性能、内存性能、磁盘性能四方面进行测评计分。用测评分数综合计算结果来表示计算机的综合性能，并给出计算机性能提升建议，如图 2-26 所示。

图 2-26　"电脑性能测试"界面

单击界面右侧的"开始评测"按钮，即可针对计算机处理器、显卡、内存、磁盘等部件自动完成本机硬件的评测工作，并生成得分报告，如图 2-27 所示。

图 2-27　性能测试得分演示

4．驱动检测

鲁大师的"驱动检测"功能，主要包括驱动的安装与备份和因驱动问题而产生的异常错误解决方案。鲁大师会对本机硬件驱动进行检测，检测到计算机硬件有新的驱动时，"驱动安装"界面将会显示硬件名称、设备类型、驱动大小、已安装的驱动版本、可升级的驱动版本，如图 2-28 所示。

图 2-28　"驱动安装"界面

(1) 在"驱动管理"界面的"驱动备份"选项卡中可以备份所选的驱动程序；当电脑的驱动出现问题，或者想将驱动恢复至上一个版本的时候，"驱动还原"选项卡就派上用场了，当然前提是已经备份了该驱动程序，如图 2-29 所示。

图 2-29　"驱动管理"界面

(2) 在"驱动门诊"界面中，鲁大师列举出了比较高发的驱动异常问题，并给出了解决方案。

 ## 2.4　系统备份工具——Norton Ghost

2.4.1　Norton Ghost 简介

Norton Ghost 是最常用的系统备份工具，它原为 Binary 公司出品，后来该公司被著名的 Symantec 公司并购，因此该软件的后续版本就称为 Norton Ghost。Norton Ghost 是一款适合企业使用的诺顿克隆精灵，提供功能强大的系统升级、备份和恢复、软件发布、PC 移植等的解决方案。本节以 Norton Ghost 11.0 为例进行讲解，其主界面如图 2-30 所示。

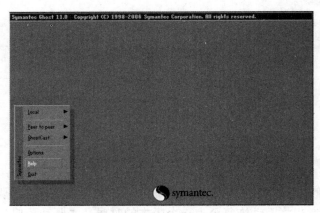

图 2-30　Norton Ghost 主界面

Norton Ghost 有以下几个特点。

1．是系统升级、备份和恢复的好帮手

Norton Ghost 通过对硬盘的克隆帮助系统进行升级、备份和恢复，以快速简单的方法避免电脑中数据的遗失或损毁；人性化的 Windows 界面能够让用户更加轻松地对整个硬盘或硬盘分区做常规的备份。对于那些在电脑中存有重要数据的专业人士，在无法预测意外会何时发生的情况下，可以使用诺顿克隆精灵定期备份硬盘，从而在系统故障或其他意外事件发生时可以迅速地通过硬盘镜像恢复丢失或损毁的数据和文档。

2．提供多样化的备份选择

Norton Ghost 可以将备份的磁盘影像文件存放在现今流行的各种移动存储介质或另外一台电脑中，不仅可以针对整个硬盘、某个硬盘的分区，甚至可以针对特别指定的重要资料或个别文档做备份。

3．大大缩短了系统升级所需的时间

如果想换一个新的硬盘，或换一台新的电脑，诺顿克隆精灵可以帮助用户快速地将资料复制到新的硬盘中，大幅缩短电脑升级的时间。由于诺顿克隆精灵支持多种 Windows 版本，不论升级到哪种操作系统，都不必另外重建资料。

Norton Ghost 除了具有上述特点外，还有远程客户机备份恢复等功能。

2.4.2 使用 Norton Ghost 备份操作系统

1．使用 Norton Ghost 对系统进行备份

Norton Ghost 是一款极为出色的硬盘"克隆"工具，它可以在最短的时间内给用户的硬盘数据以最强大的保护，具体操作步骤如下。

(1) 将 Norton Ghost 安装到除 C 盘(安装系统的磁盘分区)以外的其他分区。Norton Ghost 最好在纯 DOS 环境下运行，当然较高版本已经推出了可在 Windows 下运行的功能了。启动 Norton Ghost 后，会进入一个类似 Windows 的界面，支持鼠标和键盘。

(2) 进入 Norton Ghost 的主界面，如图 2-30 所示。一般我们只对本地计算机备份，故在主界面中选择 Local 命令，弹出 Local 子菜单，如图 2-31 所示。

(3) Local 子菜单中有以下几个命令。

Disk 是对硬盘进行操作。其中，To Disk 是指硬盘对硬盘完全复制；To Image 是指硬盘内容备份成镜像文件；From Image 是指从镜像文件恢复到原来硬盘。

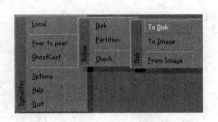

图 2-31　Local 子菜单

Partition 是对硬盘分区进行操作。其中，To Partition 是指分区对分区完全复制；To Image 是指分区内容备份成镜像文件；From Image 是指从镜像文件复原到分区。

Check 是对镜像文件和磁盘进行检查。

(4) 一般只需要对系统备份。所以这里就以备份 C 盘为例来讲解。选择 Local | Partition | To Image 命令，打开如图 2-32 所示的界面，在这里选择要备份分区所在的磁盘，图中所示

的计算机只有一个磁盘，单击 OK 按钮，弹出如图 2-33 所示的界面。

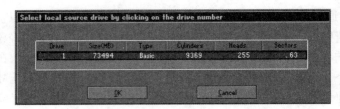

图 2-32　选择要备份分区所在的磁盘

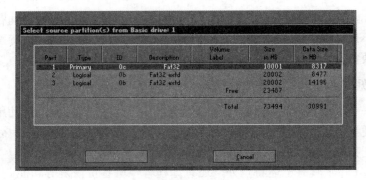

图 2-33　选择要备份的分区

(5) 在"选择要备份的分区"列表中选择第一个分区，然后单击 OK 按钮。

(6) 在 File name to copy image to 对话框中选择分区或光盘，以及要保存的文件夹，输入备份文件的文件名，单击 Save 按钮，如图 2-34 所示。

(7) 在弹出的 Compress Image 对话框中，选择是否压缩，其中 No 指不压缩，Fast 指低压缩，High 指高压缩。一般选择 High，可以压缩 50%，但是速度较慢。如果硬盘容量足够大，选择 Fast 备份数据不易出错，如图 2-35 所示。

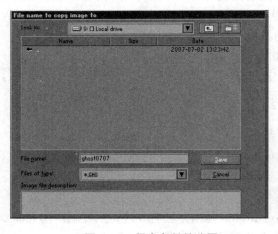

图 2-34　保存备份的分区

图 2-35　选择是否压缩

(8) 在弹出的 Compress Image 对话框中，单击 Yes 按钮，开始备份。

(9) 在界面中将显示备份的进度和详细信息等。结束后，关闭 Norton Ghost 即可。

2．使用 Norton Ghost 对系统进行恢复

如果已经用 Norton Ghost 对系统进行了备份，使用 Norton Ghost 还原系统的操作是很简单的。下面就上机实际操作，具体步骤如下。

(1) 打开 Norton Ghost 软件，选择 Local | Partition | From Image 命令，如图 2-36 所示。

(2) 弹出 Image file name to restore from 对话框，如图 2-37 所示。选择备份文件所在的路径，找到备份文件，单击 Open 按钮。

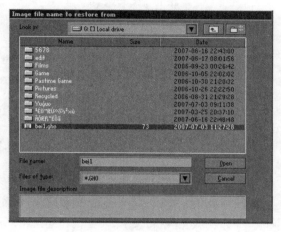

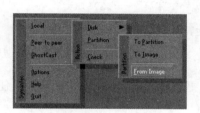

图 2-36　选择系统还原　　　　　　　　　图 2-37　选择备份文件

(3) 依次选择要还原的硬盘和分区及操作确认对话框，单击 Yes 按钮，开始恢复。

2.5　完美卸载工具——完美卸载

由于电脑软件越装越杂，文件越来越多，磁盘空间越来越少，虚拟内存不足，还不时受到木马、流氓软件的威胁。其中由于软件卸载不彻底，导致计算机运行速度越来越慢，安全性越来越差。完美卸载软件正是一款帮电脑减压的软件，是专业的电脑清洁工和电脑加速器。

2.5.1　完美卸载的基本概念

完美卸载是一款以软件卸载、系统清理为主的系统优化软件，它拥有安装监视、智能卸载、闪电清理、闪电修复、广告截杀、垃圾清理等功能，以及强大的系统防护、维护功能。本节以完美卸载 V30.3 为例进行讲解，其主界面如图 2-38 所示。

完美卸载软件的主要功能如下。

1．智能的安装监控

自动监控软件安装操作，为日后卸载做好记录，这在软件捆绑盛行的今天尤为重要。

图 2-38　完美卸载 V30.3 主界面

2．全面的软件卸载

软件卸载的"白金刀片"，可以双重卸载清理，更有手工卸载，帮助用户卸载任何软件。

3．全面的垃圾清理

流氓软件、硬盘垃圾、各种历史记录、废弃文件、注册表垃圾，全部智能安全地扫描清除。

4．卸载 IE 工具条与 IE 修复

解决 IE 运行慢的问题，以及打开 IE 出错、打不开网页等诸多上网问题。

5．卸载启动项

解决电脑启动慢的问题，可以帮助用户分析出木马或可疑软件，及时找到启动慢的源头。

6．丰富的附属工具

可以解决其他卸载和清理难题。软件可以在存储的硬盘中自由移动。

2.5.2　一键清理与一键优化

1．一键清理

完美卸载的"一键清理"功能可以清理恶意软件、垃圾文件、历史痕迹、注册表错误和垃圾以及废弃的系统文件等，具体操作步骤如下。

(1) 运行完美卸载 V30.3，进入完美卸载主界面。

(2) 在完美卸载主界面中切换到"一键清理"选项卡，如图 2-39 所示。

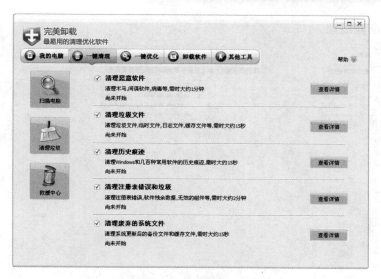

图 2-39 "一键清理"选项卡

(3) 单击"扫描电脑"按钮，开始扫描，扫描结束后弹出"完成"对话框，如图 2-40 所示。

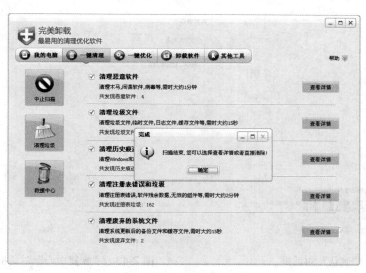

图 2-40 扫描结果

(4) 单击"确定"按钮，返回"一键清理"选项卡，根据需要选择某项查看详情，例如单击"清理恶意软件"后面的"查看详情"按钮，进入"恶意软件报告"界面，如图 2-41 所示。

(5) 单击"确定"按钮，返回"一键清理"选项卡，选中需要清理项目前的复选框，单击"清理垃圾"按钮，弹出"确认"对话框，如图 2-42 所示，单击"是"按钮即可成功地实现一键清理，单击"否"按钮将把垃圾文件放入救援中心。

(6) 若用户发现这些文件不能删除，可以单击"救援中心"按钮，将弹出"恢复中心"对话框，如图 2-43 所示。单击"恢复"按钮，可恢复误清理的文件，单击"删除"按钮，可将这些文件彻底清理。

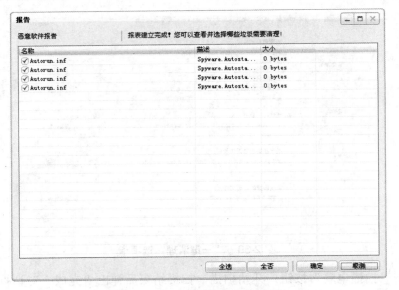

图 2-41   "恶意软件报告"界面

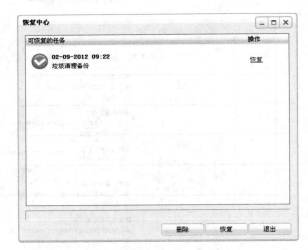

图 2-42   "确认"对话框   图 2-43   "恢复中心"对话框

2．一键优化

完美卸载的一键优化功能可以快速优化包括 CPU、内存、硬盘等在内的几十项 Windows 设置，使系统达到最佳性能，具体步骤如下。

(1) 运行完美卸载 V30.3，进入完美卸载主界面。

(2) 在完美卸载主界面中切换到"一键优化"选项卡，如图 2-44 所示。

(3) 用户可以选择某一项进行优化，也可以单击左下方的"一键优化"按钮，快速优化几十项 Windows 设置，优化结果如图 2-45 所示。若优化出现问题，可以单击"救援中心"按钮进行恢复。

图 2-44　"一键优化"选项卡

图 2-45　优化结果

2.5.3　卸载软件

1．智能卸载

完美卸载提供了一种非常简单的卸载方式——智能卸载，用户只需要将软件的快捷图标拖到智能卸载下的软件垃圾箱中即可进行卸载，具体步骤如下。

(1) 运行完美卸载 V30.3，进入完美卸载主界面。

(2) 在完美卸载主界面中切换到"卸载软件"选项卡，如图 2-46 所示。

(3) 将桌面上或"开始"菜单里的软件图标拖动到智能卸载下方的"软件垃圾箱"上，例如卸载腾讯视频，将桌面上的腾讯视频图标拖动到软件垃圾箱上，如图 2-47 所示。

(4) 弹出"腾讯视频 2011 卸载程序"对话框，如图 2-48 所示，单击"卸载"按钮即可卸载该程序。

图 2-46   "卸载软件"选项卡

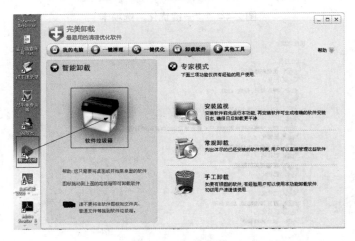

图 2-47   智能卸载

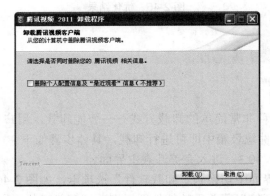

图 2-48   "腾讯视频 2011 卸载程序"对话框

2. 专家模式

完美卸载的专家模式有安装监视、常规卸载和手工卸载 3 种方式,它们把软件进行分类,方便查找和卸载,但这三项功能仅供有经验的用户使用。

在"卸载软件"选项卡的专家模式下单击"安装监视"按钮,弹出"选择监视范围"对话框,如图 2-49 所示,用户可以单击"全面监视"按钮,也可以在系统分区和其他分区中选择某个分区,然后单击"局部监视"按钮。在安装软件前先安装监视,可生成准确的软件安装日志,确保日后卸载更干净。

图 2-49　"选择监视范围"对话框

返回"卸载软件"选项卡,单击"常规卸载"按钮,弹出"软件卸载管理器"对话框,如图 2-50 所示。常规卸载类似于系统控制面板的卸载,它把软件进行分类,方便查找和卸载。在"软件卸载管理器"对话框中,可以在搜索文本框中输入要查找的软件名称,然后单击 图标按钮;也可以在左栏列表中单击工具的分类,在右栏中将具体显示对应软件的名称,选中需要卸载的软件,单击"卸载"按钮,即可成功卸载该软件。

图 2-50　"软件卸载管理器"对话框

返回"卸载软件"选项卡,单击"手工卸载"按钮,弹出"智能卸载"对话框,如图 2-51 所示。在卸载类型列表框中选中某项,单击"下一步"按钮,弹出"选择要卸载的软件"对话框，如图 2-52 所示。选中某个软件，单击"打开"按钮，弹出"软件智能卸载-完美卸载"对话框，如图 2-53 所示。单击"开始卸载"按钮，即可成功卸载。

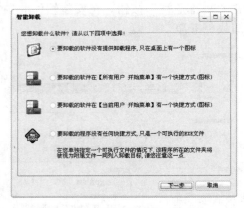

图 2-51 "智能卸载"对话框

图 2-52 "选择要卸载的软件"对话框

图 2-53 "软件智能卸载-完美卸载"对话框

2.6　回到工作场景

通过 2.2～2.5 节内容的学习，相信读者已经掌握了系统优化和维护工具软件的使用方法，并足以完成 2.1 节工作场景中的任务了。具体的实现过程如下。

【工作过程一】

分析该机房电脑所出现的问题，发现可能是由于硬盘碎片的增加、软件删除留下的无用注册文件导致系统性能下降。可以通过 Windows 优化大师对系统进行优化，提高电脑的性能，具体步骤如下。

(1) 启动 Windows 优化大师，打开 Windows 优化大师的主界面。

(2) 在 Windows 优化大师的主界面中单击"系统优化"按钮，展开"系统优化"模块。首先进行磁盘缓存优化和开机速度优化，具体步骤在 2.2.3 节已详细讲述，此处以桌面菜单优化为例进行讲解。

(3) 在"系统优化"模块中单击"桌面菜单优化"按钮，打开"桌面菜单优化"选项设置界面，如图 2-54 所示。移动滑块可以设置开始菜单速度、菜单运行速度和桌面图标缓存。

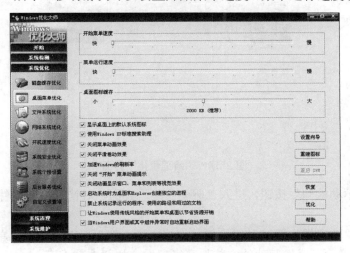

图 2-54　"桌面菜单优化"选项设置界面

(4) 单击"重建图标"按钮，弹出确认对话框，如图 2-55 所示。

图 2-55　确认对话框

(5) 单击"确定"按钮，返回"桌面菜单优化"选项设置界面，然后单击"桌面菜单优化"选项设置界面中的"恢复"按钮，弹出"Windows 优化大师"对话框，如图 2-56 所示。

图 2-56 "Windows 优化大师"对话框

(6) 单击"确定"按钮,返回"桌面菜单优化"选项设置界面,然后单击"优化"按钮就可以优化桌面图标了。

【工作过程二】

为了使计算机能够流畅地使用,可以使用鲁大师对计算机系统进行清理和驱动的安装、升级操作,具体步骤如下。

(1) 启动鲁大师,打开鲁大师的主界面。

(2) 在鲁大师的主界面上单击"清理优化"按钮,展开"清理优化"界面,单击"开始扫描"按钮,鲁大师即可自动开始系统清理工作。

(3) 系统清理扫描结束后,单击"一键清理"按钮,即可完成系统清理操作,如图 2-57 所示。

图 2-57 "清理优化"界面

(4) 单击"驱动检测"按钮,进入"驱动安装"界面,对计算机的硬件驱动进行安装与升级操作。

(5) 此处以"读卡器"驱动升级为例,选择"读卡器"驱动选项后,单击"一键安装"按钮,即可完成"读卡器"驱动的安装与升级工作,如图 2-58 所示。

图 2-58 "驱动安装"界面

2.7　工作实训营

2.7.1　训练实例

1．训练内容

利用 Windows 优化大师进行文件系统优化，并使用鲁大师对电脑驱动进行升级和备份设置。

2．训练目的

熟练使用系统优化和维护工具软件。

3．训练过程

具体实现步骤如下。

(1) 启动 Windows 优化大师，打开 Windows 优化大师的主界面。

(2) 在 Windows 优化大师的主界面上展开"系统优化"模块，单击"文件系统优化"按钮，打开"文件系统优化"选项设置界面，如图 2-62 所示。

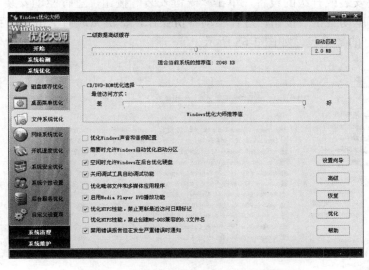

图 2-62　"文件系统优化"选项设置界面

(3) 可以设置二级数据高级缓存的大小、CD/DVD-ROM 优化选择以及其他一些复选框。单击"高级"按钮，弹出"毗邻文件和多媒体应用程序优化设置"对话框，如图 2-63 所示。

(4) 移动滑块进行设置。设置完毕后单击"确定"按钮，弹出确认对话框，单击"确定"按钮，返回"文件系统优化"选项设置界面。

(5) 单击"文件系统优化"选项设置界面中的"恢复"按钮，弹出"Windows 优化大师"确认对话框，如图 2-64 所示。单击"确定"按钮即可恢复默认设置。

图 2-63　"毗邻文件和多媒体应用程序优化设置"对话框

图 2-64　"Windows 优化大师"确认对话框

(6) 返回"文件系统优化"选项设置界面,单击"优化"按钮,就可以按照用户设置优化文件系统了。

(7) 关闭 Windows 优化大师软件。启动鲁大师,进入鲁大师主界面,单击"驱动检测"按钮,打开"驱动检测"选项设置界面,单击"驱动安装"按钮,进入驱动信息显示及升级安装界面。

(8) 选择要安装或升级的设备,单击"一键安装"按钮,进行驱动安装与升级操作。

(9) 单击"驱动备份"按钮,进行驱动备份操作,备份完成后单击"查看备份路径"按钮,查看备份好的数据包,如图 2-65 所示。

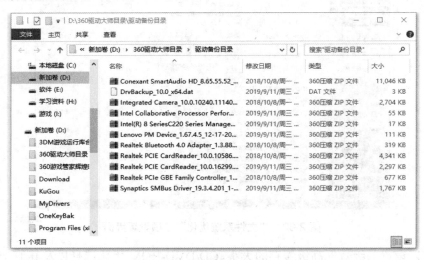

图 2-65　备份好的数据包

(10) 如要进行驱动还原与卸载操作,则在相应选项卡中操作。

4. 技术要点

利用 Windows 优化大师的"系统优化"功能可对文件系统进行优化,利用鲁大师的"驱动检测"功能可对电脑硬件驱动进行安装、升级、备份、卸载等操作。

2.7.2　工作实践常见问题解析

【问题 1】电脑使用一段时间后，运行速度非常缓慢。

【答】可以使用 Windows 优化大师对电脑进行优化，提高运行速度。

【问题 2】电脑桌面图标太难看，怎样才能拥有自己的特色图标？

【答】可以使用鲁大师魔法设置对电脑桌面图标进行个性化设置。

【问题 3】重装系统之前如何进行系统备份？

【答】可以用 Norton Ghost 对操作系统进行备份。

【问题 4】电脑中有些软件无法卸载干净。

【答】可以使用完美卸载工具对这些软件进行彻底卸载。

【问题 5】电脑系统中存在许多垃圾，如何清理干净？

【答】可以使用 Windows 优化大师进行系统清理。

小　结

　　本章主要介绍了一些常用的系统优化和维护工具软件：系统优化工具、系统设置工具、系统备份工具和完美卸载工具等。通过本章的学习，读者可以熟练使用 Windows 优化大师进行系统检测、系统优化、系统清理和系统维护等，学会对系统进行个性化设置，能够利用 Norton Ghost 备份操作系统，并可以了解一些卸载工具，解决某些软件无法卸载干净的问题。

习　题

1. 使用 Windows 优化大师对系统进行优化，并清理系统的垃圾文件。
2. 使用鲁大师对系统进行个性化设置。
3. 使用 Norton Ghost 备份操作系统。
4. 使用完美卸载软件卸载电脑中的程序并清理垃圾。

第 3 章

磁盘工具软件

 本章要点

- 分区助手的基本概念及操作
- 磁盘加速的常用操作
- CCleaner 的基本概念及常用操作
- EasyRecovery 的基本概念及功能

 技能目标

- 学会使用分区助手新建和合并分区
- 学会使用 Disk SpeedUp 整理磁盘碎片
- 学会使用 CCleaner 清理磁盘和注册表
- 学会使用 EasyRecovery 进行数据恢复

3.1 工作场景导入

【工作场景】

某学校机房的电脑由于学生的不良使用习惯，造成部分磁盘的负荷过重，现需整理这些磁盘碎片，并对磁盘空间进行擦除与维护。

【引导问题】

(1) 如何分卷整理磁盘碎片？
(2) 如何擦除磁盘空间？如何设置 Cookies 的保留和删除？

3.2 硬盘分区工具——分区助手

3.2.1 分区助手的基本概念

分区助手是一款免费、专业级的无损分区工具，提供简单、易用的磁盘分区管理操作。作为传统分区魔法师的替代者，在操作系统兼容性方面，傲梅分区软件打破了以前的分区软件兼容差的缺点，它完美兼容全部操作系统。不仅如此，分区助手从调整分区大小等方面出发，能无损数据地实现扩大分区、缩小分区、合并分区、拆分分区、快速分区、克隆磁盘等操作。此外，它也能迁移系统到固态硬盘，是一个不可多得的分区工具。分区助手的主要功能如下。

(1) 磁盘分区工具，支持快速分区，创建、删除、格式化分区，分区恢复，数据擦除等。

(2) 调整分区大小，支持无损数据扩大分区、缩小分区，划分分区的容量给另一分区，合并、拆分分区等。

(3) 克隆与系统迁移，分区助手能将 Windows 8/8.1/10 安装到移动硬盘或 U 盘。

本节将以分区助手 8.3 为例进行讲解，其主界面如图 3-1 所示。

图 3-1 分区助手 8.3 主界面

3.2.2　新建分区

新建分区功能可以创建磁盘分区，便于分门别类地存储数据，提高计算机效用。为了便于说明，下面以将 240GB 容量的硬盘划分为三个分区(50GB、90GB、92GB)为例进行操作演示。具体操作步骤如下。

(1) 选择"开始"|"所有程序"|"分区助手"|"分区助手 8.3"命令，或双击桌面上的分区助手 8.3 快捷方式图标，打开分区助手主界面。

(2) 在主界面上单击"创建分区"按钮，弹出"创建分区"对话框，如图 3-2 所示。

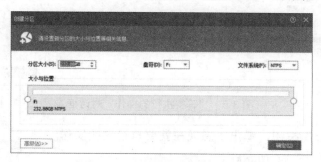

图 3-2　"创建分区"对话框

(3) 设定分区大小。可通过微调按钮，或直接输入数值，也可在"大小与位置"栏中使用鼠标拖动滑块的方式，来设定新建分区的大小，单击"确定"按钮，如图 3-3 所示。

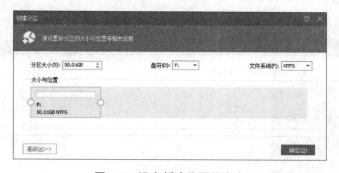

图 3-3　设定新建分区的大小

(4) 选择剩余磁盘容量，进行如上新建分区操作。最终分区结果如图 3-4 所示。

图 3-4　硬盘 2 分区最终结果

(5) 单击常用工具栏中的"提交"按钮,弹出"等待执行的操作"对话框,如图 3-5 所示。

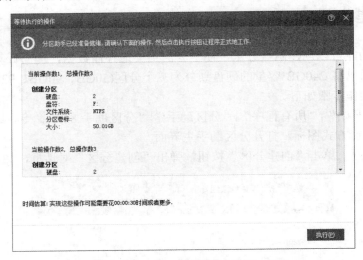

图 3-5　　"等待执行的操作"对话框

(6) 单击"执行"按钮,弹出"您现在就要执行这些操作吗?"提示信息,如图 3-6 所示。

(7) 单击"是"按钮,分区助手开始进行分区操作,如图 3-7 所示。

(8) 经过一段时间后,操作成功,会弹出"恭喜!所有操作都已成功完成"提示信息,如图 3-8 所示。

图 3-6　确认执行对话框

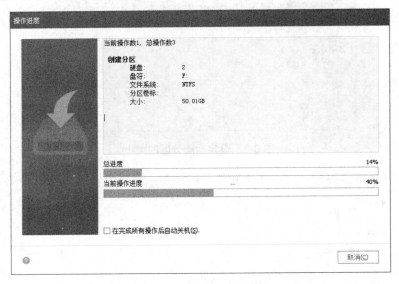

图 3-7　分区助手操作进度

(9) 如果在该磁盘下某分区(一般是第 1 个分区)安装操作系统,还应该将分区设置为活动分区。右键单击该分区,弹出快捷菜单,如图 3-9 所示。

图 3-8　操作完成信息确认对话框　　　　图 3-9　硬盘分区的快捷菜单

(10) 选择"高级操作"｜"设置成活动分区"命令，弹出"设置活动分区"对话框，如图 3-10 所示。

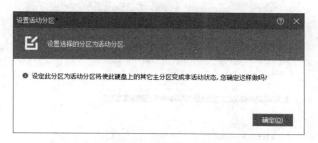

图 3-10　"设置活动分区"对话框

(11) 单击"确定"按钮。在常用工具栏中单击"提交"按钮，弹出"等待执行的操作"对话框，如图 3-11 所示。

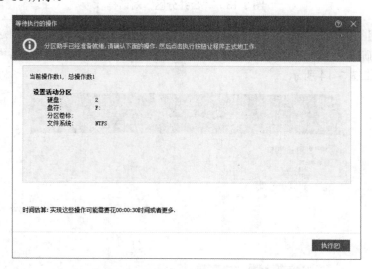

图 3-11　"等待执行的操作"对话框

(12) 单击"执行"按钮，很快执行完毕。硬盘 2 的最终分区效果如图 3-12 所示。

F:	NTFS	50.01GB	87.55MB	49.92GB	主	活动	是
G:	NTFS	90.00GB	88.55MB	89.91GB	主	无	是
H:	NTFS	92.87GB	88.63MB	92.79GB	主	无	是

图 3-12　硬盘 2 的最终分区效果

3.2.3　合并分区

合并分区就是将两个相邻的分区转换成一个分区，即合并的两个分区必须相邻，或将未分配空间合并给一个分区。合并分区的具体步骤如下。

(1) 在主界面上单击"合并分区"按钮，弹出"合并分区"对话框，如图 3-13 所示。

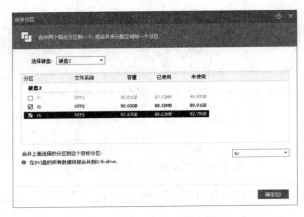

图 3-13　"合并分区"对话框

(2) 选中相邻的两个分区，G 和 H 分区，并设置"合并上面选择的分区到这个目标分区："为 G，单击"确定"按钮。然后单击常用工具栏中的"提交"按钮，弹出"等待执行的操作"对话框，如图 3-14 所示。

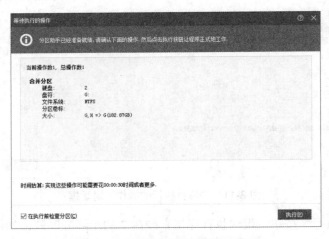

图 3-14　"等待执行的操作"对话框

(3) 单击"执行"按钮，弹出"操作进度"对话框，如图 3-15 所示。

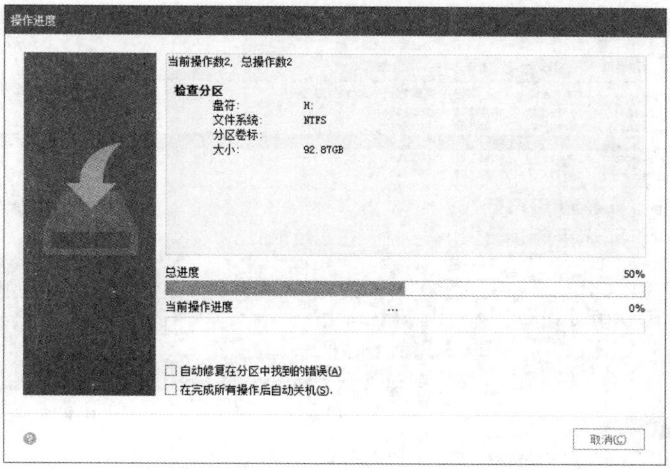

图 3-15　"操作进度"对话框

(4) 操作完成后，原来三个分区调整为两个分区，最终效果如图 3-16 所示。

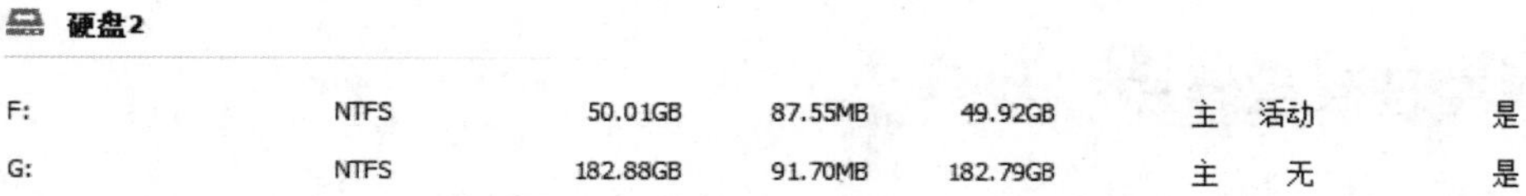

硬盘2

F:	NTFS	50.01GB	87.55MB	49.92GB	主	活动		是
G:	NTFS	182.88GB	91.70MB	182.79GB	主	无		是

图 3-16　分区合并最终效果

3.3　磁盘碎片整理工具——磁盘加速

3.3.1　磁盘加速工具的基本概念

由于每天频繁操作计算机，如安装、卸载应用程序等，都会使磁盘的数据积累和产生碎片，导致计算机速度变慢。磁盘加速工具就是一款专门清理电脑垃圾碎片的优化软件，它能深度清理系统垃圾和日常软件碎片，最大限度地提升计算机性能。

磁盘加速工具的主要功能如下。

(1) 磁盘碎片整理。

(2) 碎片整理和优化选择的磁盘/文件/文件夹。

(3) 按预设时间表进行碎片整理，完成后会自动关机。

(4) 磁盘加速工具具有更先进的设置，以满足要求，如先进的自动启动与操作系统，可定制的预设优化碎片整理。

(5) 磁盘加速工具是一个免费的 Windows 平台强大的碎片整理工具。

(6) 磁盘加速工具可以用最有效的算法来重新安排文件和优化磁盘。

本节以磁盘加速工具为例进行介绍，其主界面如图 3-17 所示。

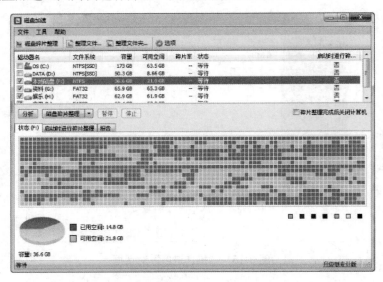

图 3-17　磁盘加速工具主界面

3.3.2　整理磁盘碎片

使用磁盘加速工具分析磁盘和整理碎片的具体操作步骤如下。

(1) 选择"开始"|"所有程序"| Glarysoft | Disk SpeedUp | Disk SpeedUp 命令，打开磁盘加速工具主界面。

(2) 首先选择要进行分析的驱动器名称，然后单击界面上的"分析"按钮，开始分析磁盘，如图 3-18 所示。

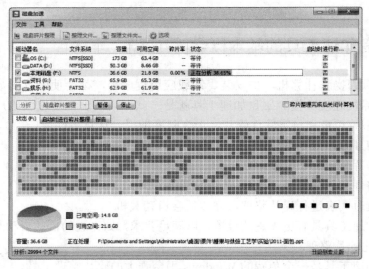

图 3-18　分析磁盘界面

(3) 分析完毕后，会直接显示分析结果，如图 3-19 所示，红色方格表示碎片文件，用户可以根据主界面上的颜色来查看碎片的分布情况。

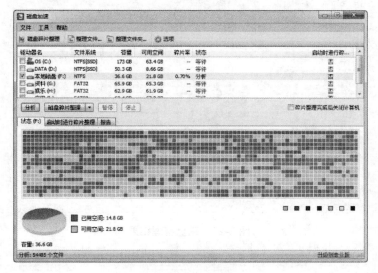

图 3-19　分析结果

(4) 分析完磁盘碎片的情况后，用户可以根据磁盘碎片的情况决定是否进行碎片整理。在主界面中单击"磁盘碎片整理"按钮，开始整理碎片，如图 3-20 所示。

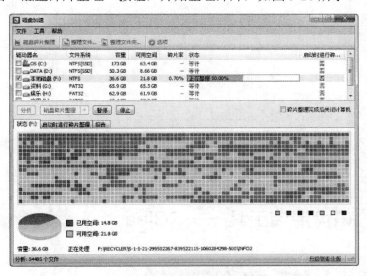

图 3-20　开始整理碎片

(5) 整理完成后，主界面上将看不见碎片标志(由于碎片整理需要花费很长时间，用户可以在空闲的时候整理碎片)，如图 3-21 所示。

(6) 在主界面下方切换到"启动时进行碎片整理"选项卡，选择"整理页面文件、休眠文件"选项，弹出"选项"对话框，可以设定"自动整理""计划""启动时整理"等功能，如图 3-22 所示。

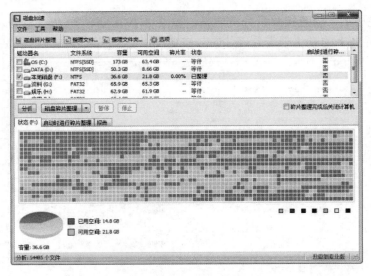

图 3-21　磁盘整理结果

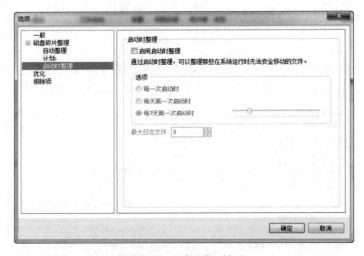

图 3-22　"选项"对话框

3.4　磁盘清洁工具——CCleaner

3.4.1　CCleaner 的基本概念

CCleaner 是一款免费的系统优化和隐私保护工具。CCleaner 主要用来清除 Windows 系统不再使用的垃圾文件，以腾出更多的硬盘空间。它的另一大功能是清除使用者的上网记录。CCleaner 的体积小，运行速度极快，可以对临时文件夹、历史记录、回收站等进行垃圾清理，并可对注册表进行垃圾项扫描、清理，而且附带软件卸载功能。本节以 CCleaner 中文版为例进行讲解，其主界面如图 3-23 所示。

图 3-23　CCleaner 中文版主界面

CCleaner 中文版软件的主要功能如下。

(1) 清理临时文件夹、历史记录、回收站等垃圾信息。

(2) 扫描清理注册表垃圾键值。

(3) 内置软件卸载模块，可以选择卸载软件或者选择仅删除卸载条目。

(4) 支持清除 IE、Firefox、Oprea 等浏览器的历史记录，Cookies、自动表单记录等隐私信息。

(5) 可以选择清理常用软件的历史使用记录，如 Media Player、WinRAR、Netscape、MS Office、Adobe Acrobat、画笔、记事本等，免费使用，不含任何间谍软件和垃圾程序。

3.4.2　CCleaner 轻松清理

1．CCleaner 轻松清理

当浏览网页或打开一些文档时，系统中会产生一些临时文件和历史记录等。文件清理是 CCleaner 的主要功能模块，可以清除无用的垃圾文件和临时文件，达到优化系统的目的，并能清除上网留下的活动踪迹和残留的文件，达到保护个人隐私的目的，但不会删除对用户有用的文件资料，具体操作步骤如下。

(1) 运行 CCleaner 中文版软件，进入 CCleaner 中文版主界面。

(2) 默认打开的是"轻松清理"选项界面，单击"分析"按钮，开始分析 Windows 中的垃圾文件，分析完成后会列出要删除文件的详细信息，如图 3-24 所示。

(3) 单击"全部清理"按钮，进行清理操作，如图 3-25 所示。

(4) 成功清理后，会显示"清理已完成"，如图 3-26 所示。

图 3-24　分析结果

图 3-25　正在清理计算机界面

图 3-26　成功清理

2．CCleaner 注册表

"注册表"是分析用户计算机的更为高级的功能模块，能够找出存在于系统注册表里的问题和矛盾，并做出补救，CCleaner 还可对注册表进行垃圾项扫描、清理，具体操作步骤如下。

(1) 在 CCleaner 主界面上单击"注册表"按钮，打开"注册表"选项界面，如图 3-27 所示。

图 3-27　"注册表"选项界面

(2) 在"注册表"选项界面中单击"扫描问题"按钮，开始扫描注册表，扫描结果如图 3-28 所示。

图 3-28　扫描结果

(3) 单击"修复选定的问题"按钮，弹出提示备份对话框，如图 3-29 所示。

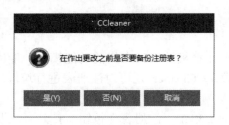

图 3-29　提示备份对话框

(4) 单击"是"按钮，弹出"另存为"对话框，如图 3-30 所示，选择需要存放的位置，单击"保存"按钮。

图 3-30　"另存为"对话框

(5) 备份之后弹出问题对话框，如图 3-31 所示，单击"修复所有选定的问题"按钮，即可修复所有选定的问题，修复结果如图 3-32 所示，单击"关闭"按钮。

图 3-31　问题对话框

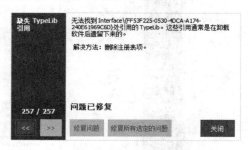

图 3-32　修复成功对话框

3.4.3　CCleaner 工具

"工具"功能模块允许在计算机运行时卸载或启动已被安装的程序和应用软件。

1．卸载程序

利用 CCleaner 可以卸载一些软件，也可以允许或禁止启动项，具体步骤如下。

(1) 运行 CCleaner 中文版软件，进入 CCleaner 中文版主界面。

(2) 在 CCleaner 主界面上单击"工具"按钮，打开"工具"选项界面，如图 3-33 所示，默认出现的是卸载选项。

图 3-33　"工具"选项界面

(3) 选中要卸载的程序，单击"卸载"按钮，弹出提示确认卸载的对话框，如图 3-34 所示。

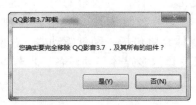

图 3-34　确认卸载对话框

(4) 单击"是"按钮，即可成功卸载所选程序。

2．启动

通过 CCleaner 可以允许或禁止某些程序的运行，具体操作步骤如下。

(1) 运行 CCleaner 中文版软件，进入 CCleaner 中文版主界面。

(2) 在 CCleaner 主界面上单击"工具"按钮，打开"工具"选项界面，在"工具"选项界面上单击"启动"按钮，右侧将列出随浏览器或系统启动的项目，如图 3-35 所示。

(3) 选中"已启用"列下为"是"的选项，单击"禁用"按钮，即可成功禁止该程序的运行；选中"已启用"列下为"否"的选项，单击"启用"按钮，即可启动该程序。

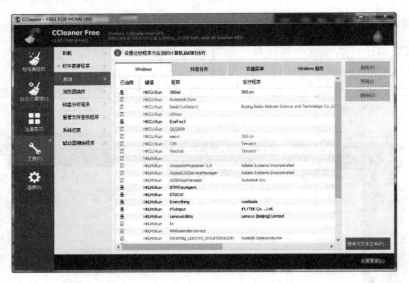

图 3-35   "启动"选项卡

3.5   数据恢复工具——EasyRecovery

3.5.1   EasyRecovery 的基本概念

EasyRecovery 作为由世界著名数据恢复 Ontrack 公司官方自主开发推出的一款功能强大、操作安全、价格便宜、用户可自主操作的专业级数据恢复软件，同时也是目前广受用户好评和追捧的硬盘数据恢复工具软件，可以帮助用户快速恢复手机、硬盘、光盘、移动硬盘等多种介质的丢失文件，支持恢复图片、表格、音视频、文档等各种数据文件。EasyRecovery 12 软件支持的媒体介质包括：硬盘驱动器、光驱、闪存、硬盘、光盘、U 盘/移动硬盘、数码相机、手机以及其他多媒体移动设备。本节以 EasyRecovery 12 为例进行讲解，其启动界面如图 3-36 所示。

图 3-36   EasyRecovery 12 启动界面

EasyRecovery 12 在恢复数据的过程中，它不会往源驱上写任何东西，也不会对源驱做任何改变，可以说无论文件是否被命令行方式删除，还是被应用程序或者文件系统删除，EasyRecovery 都能实现恢复，甚至能重建丢失的 RAID。EasyRecovery 12 拥有更易于使用的向导驱动的用户界面，可扫描本地计算机中的所有卷，并建立丢失和被删除文件的目录树，可根据文件名规则搜索删除和丢失的文件，可快速扫描引擎，允许迅速建立文件列表，并拥有更易于理解的文件管理器和经典的保存文件对话框，而且最重要的是，EasyRecovery 12 恢复的数据可以保存到任何驱动器上，包括网络驱动器/移动媒体等。EasyRecovery 的功能和特点如下。

(1) 硬盘数据恢复。

(2) Mac 数据恢复。

(3) U 盘数据恢复。

(4) 移动硬盘数据恢复。

(5) 相机数据恢复。

(6) 手机数据恢复。

(7) MP3/MP4 数据恢复。

(8) 光盘数据恢复。

(9) 其他 SD 卡数据恢复。

(10) 电子邮件恢复。

(11) RAID 数据恢复。

(12) 所有类型文件数据恢复。

3.5.2　数据恢复

EasyRecovery 12 软件提供了三大类数据恢复内容，分别为：所有数据，文档、文件夹和电子邮件，多媒体文件。无论选择何种数据作为恢复内容，操作方法都大致相同，下面以恢复"照片"为例进行讲解。其"选择恢复内容"界面如图 3-37 所示。

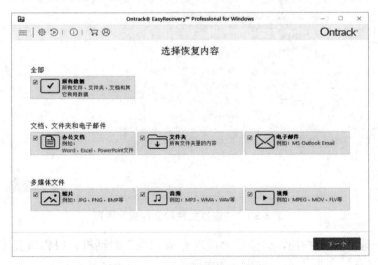

图 3-37　"选择恢复内容"界面

EasyRecovery 12 可以恢复 JPG、PNG、BMP 等图像格式文件，具体操作步骤如下。

(1) 在主界面上选择"多媒体文件"栏中的"照片"选项，单击"下一个"按钮，打开"选择位置"界面，选择已连接硬盘中的"应用(I:)"分区，如图 3-38 所示。

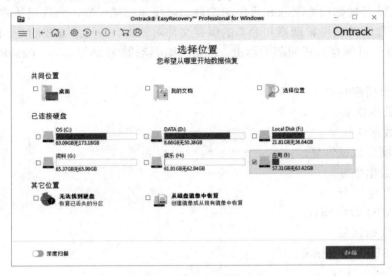

图 3-38　"选择位置"界面

(2) 单击"扫描"按钮，弹出"查找文件和文件夹"界面。此处扫描所花费的时间，取决于存储媒体的大小。界面中有"打开预览"按钮，可以控制是否打开预览功能，如图 3-39 所示。

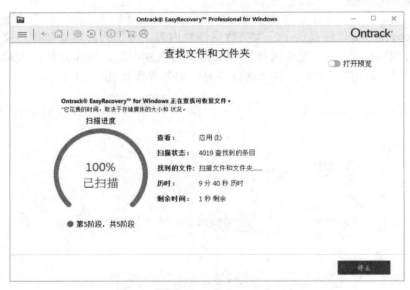

图 3-39　"查找文件和文件夹"界面

(3) 经过一段时间的扫描，会弹出"成功完成扫描"对话框，报告查找到的文件、文件夹的个数和可恢复的数据大小，如图 3-40 所示。

图 3-40　"成功完成扫描"对话框

(4) 单击 OK 按钮,返回到主界面,在界面左侧栏可选择"文件类型""树型视图""已删除列表"三种不同视图,如图 3-41 所示。

图 3-41　三种不同的视图

(5) 选择"文件类型"下的"照片"选项,再选择 JPEG 选项,然后按文件大小排序,可通过预览功能查看待恢复的图片。找到要恢复的文件后,右击鼠标,选择"恢复"命令,如果需要恢复全部数据,单击"文件名称"左侧的全选框选项,再单击右下角的"恢复"按钮即可,如图 3-42 所示。

图 3-42　选择恢复文件界面

3.6　回到工作场景

通过 3.2～3.5 节内容的学习，已掌握了一些常用的磁盘工具软件的用法，并足以完成 3.1 节工作场景中的任务了。具体的实现过程如下。

【工作过程一】

学校机房的电脑磁盘负荷过重，可能是由于磁盘中的碎片太多了，因此可选用磁盘加盘来分析磁盘错误、整理磁盘碎片，具体步骤如下。

(1) 选择"开始"|"所有程序"| Glarysoft | Disk SpeedUp | Disk SpeedUp 命令，打开"磁盘加速"主界面。

(2) 在主界面上单击"磁盘碎片整理"按钮，开始分析整理磁盘中的碎片，如图 3-43 所示。

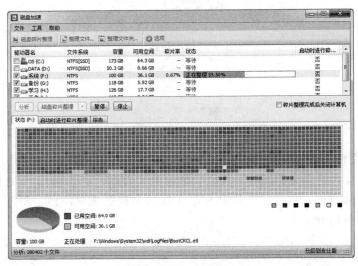

图 3-43　正在进行碎片整理

(3) 在操作的过程中，用户可通过"报告"选项卡查看整理的具体的文件和目录，如图 3-44 所示。

(4) 整理完毕后，切换到"状态"选项卡，可查看碎片整理结果，如图 3-45 所示。

【工作过程二】

为了能够彻底清理磁盘，可以利用 CCleaner 对磁盘剩余空间进行擦除，也可以设置 Cookies 的删除与保留，具体步骤如下。

(1) 运行 CCleaner 中文版软件，进入 CCleaner 中文版主界面。

(2) 在主界面上单击"工具"按钮，打开"工具"选项界面，如图 3-46 所示。

(3) 在"工具"选项界面中单击"驱动器擦除程序"按钮，切换到"驱动器擦除程序"选项卡，如图 3-47 所示。

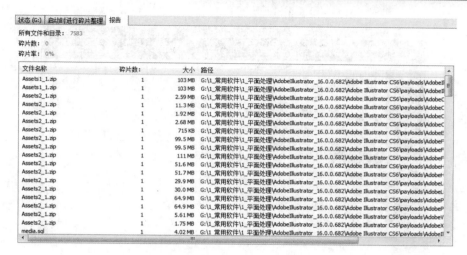

图 3-44　整理碎片报告清单

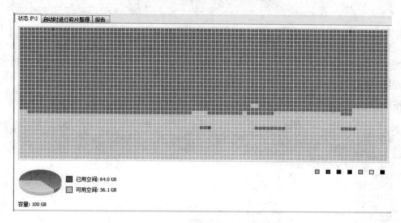

图 3-45　磁盘碎片整理结果

图 3-46　"工具"选项界面

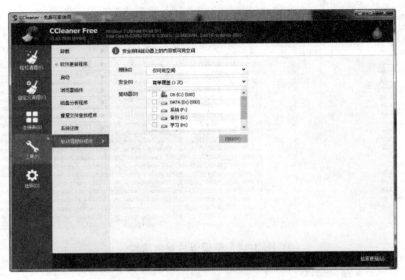

图 3-47　"驱动器擦除程序"选项卡

(4) 在"驱动器擦除程序"选项卡中选择擦除范围,然后选中驱动器前面的复选框,单击"擦除"按钮即可。

(5) 单击主界面中的"选项"按钮,打开"选项"选项界面,如图 3-48 所示。

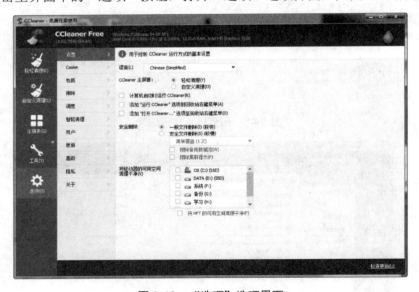

图 3-48　"选项"选项界面

(6) 在"选项"选项界面中单击 Cookie 按钮,切换到 Cookie 选项卡,如图 3-49 所示。

(7) 在 Cookie 选项卡的左侧列表框中选中某项,然后单击 ⇒ 图标按钮,即可将选中的 Cookie 保留,如图 3-50 所示。

(8) 在 Cookie 选项卡的右侧列表框中选中某项,然后单击 ⇐ 图标按钮,即可将原本保留的 Cookie 设置为删除。

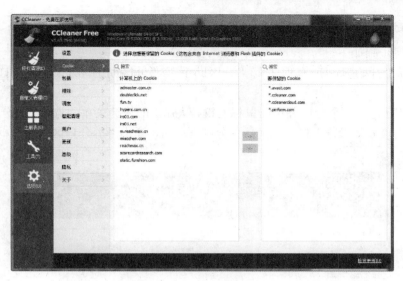

图 3-49　Cookie 选项卡

图 3-50　设置 Cookie 保留

 ## 3.7　工作实训营

3.7.1　训练实例

1．训练内容

利用分区助手从已有分区中分割一个分区，并使用 EasyRecovery 进行 Word 文件修复。

2．训练目的

熟练使用磁盘工具软件的一些常用操作。

3．训练过程

具体实现步骤如下。

(1) 选择"开始"|"所有程序"|"分区助手"|"分区助手 8.3"命令，打开分区助手主界面。

(2) 选择已有的一个分区并单击鼠标右键，从弹出的快捷菜单中选择"拆分分区"命令，或者直接单击"分区操作"栏中的"拆分分区"按钮，弹出"拆分分区"对话框，如图 3-51 所示。

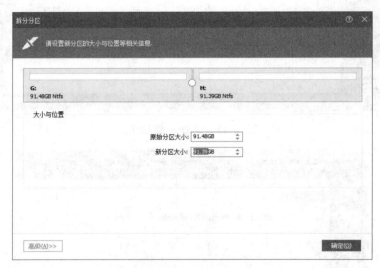

图 3-51 "拆分分区"对话框

(3) 直接在"原始分区大小""新分区大小"微调框中输入容量大小，单击"确定"按钮，返回主界面。

(4) 单击"提交"按钮，弹出"等待执行的操作"对话框，如图 3-52 所示。

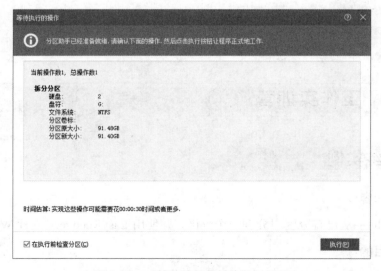

图 3-52 "等待执行的操作"对话框

(5) 单击"执行"按钮，弹出确认对话框，如图 3-53 所示。

图 3-53　确认对话框

(6) 单击"是"按钮，计算机开始执行拆分分区操作，如图 3-54 所示。

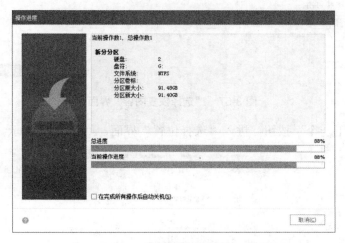

图 3-54　拆分分区操作进度对话框

(7) 经过一段时间的操作，弹出"恭喜！所有操作都已成功完成"信息确认对话框，如图 3-55 所示。

(8) 单击"确定"按钮，返回主界面，可查看硬盘执行分区拆分后的结果，如图 3-56 所示。

(9) 关闭分区助手软件，运行 EasyRecovery 软件，打开 EasyRecovery 的主界面。

(10) 在 EasyRecovery 的主界面上选择"办公文档"选项，如图 3-57 所示。

图 3-55　完成操作信息确认对话框

分区	文件系统	容量	已使用	未使用	类型	状态	分区对齐	《
硬盘1								
C: OS	NTFS	173.18GB	108.79GB	64.39GB	主	活动&系统	是	
D: DATA	NTFS	50.39GB	41.71GB	8.68GB	主	无	是	
硬盘2								
F:	NTFS	50.01GB	41.65GB	8.35GB	主	活动	是	
G:	NTFS	91.48GB	88.84MB	91.39GB	主	无	是	
H:	NTFS	91.40GB	88.59MB	91.31GB	主	无	是	

图 3-56　拆分后的结果

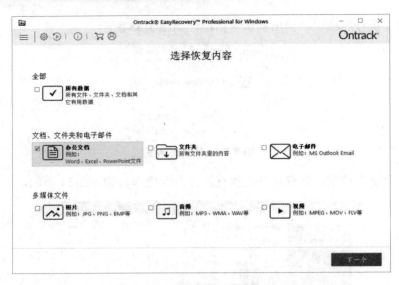

图 3-57 "选择恢复内容"界面

(11) 单击"下一个"按钮，进入"选择位置"界面，如图 3-58 所示。

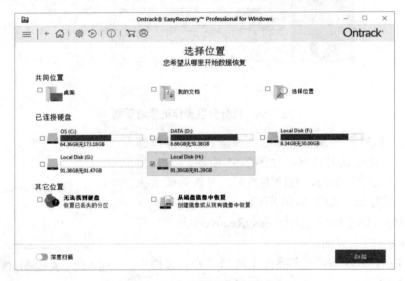

图 3-58 "选择位置"界面

(12) 单击"扫描"按钮，进行数据扫描，如图 3-59 所示。

(13) 选中要修复的 Word 文件，然后右击并打开快捷菜单，选择"修复"命令，或单击"恢复"按钮可对文件进行修复，如图 3-60 所示。

4．技术要点

利用分区助手可以从已有分区中分割一个分区，利用 EasyRecovery 软件可以进行文件修复。

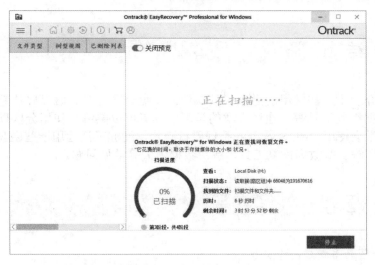

图 3-59　进行数据扫描

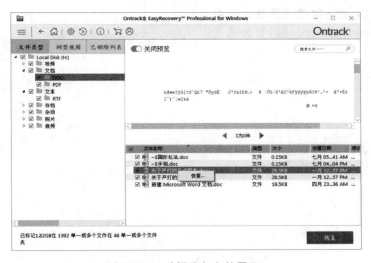

图 3-60　选择恢复文件界面

3.7.2　工作实践常见问题解析

【问题 1】如何扩大系统盘容量？

【答】可以利用分区助手对磁盘进行重新分区。

【问题 2】电脑中的磁盘负荷过重该怎么办？

【答】可以利用磁盘加速工具进行磁盘碎片整理。

【问题 3】电脑中垃圾文件太多，运行速度非常慢。

【答】可以利用 CCleaner 清洁器对磁盘进行整体清理。

【问题 4】电脑磁盘中数据不小心丢失该用什么软件处理？

【答】可以利用 EasyRecovery 进行数据恢复。

小　结

　　本章主要介绍了一些常用的磁盘工具软件：硬盘分区工具、磁盘碎片整理工具、磁盘清洁工具、数据恢复工具等。通过本章的学习，读者可以熟练地使用分区助手新建分区、合并分区等，学会使用 Disk SpeedUp 整理磁盘碎片，能够灵活运用一些磁盘清洁工具清理磁盘，并可以了解一些数据恢复工具，解决数据丢失等常见问题。

 习　题

1. 利用分区助手新建一个分区。
2. 利用磁盘加速工具整理 D 盘中的碎片。
3. 利用 CCleaner 清洁器清理系统盘。
4. 利用 EasyRecovery 进行数据恢复。

第 4 章

文件处理工具软件

 本章要点

- WinRAR 的基本概念及操作
- 文件夹加密超级大师的基本概念和常用操作
- 文件分割工具的常用操作

技能目标

- 使用 WinRAR 分卷压缩和自解压文件
- 使用 WinRAR 加密压缩文件
- 使用 WinRAR 制作 ZIP 文件
- 使用文件夹加密超级大师加密文件
- 使用 X-Split 分割和还原文件
- 使用 X-Split 合并及快速分割文件

4.1   工作场景导入

【工作场景】

某公司电脑中的文件繁杂凌乱，经常误删重要文件，现需将一些文件进行整理、归类，把重要的文件统一加密，对于需要转存的文件进行分卷压缩，将一些庞大的文件进行分割，使得工作井然有序。

【引导问题】

(1) 如何分卷压缩文件？
(2) 如何对一些重要文件统一加密？
(3) 如何分割文件？

4.2   压缩管理工具——WinRAR

4.2.1   WinRAR 的基本概念

WinRAR 是一款功能强大的压缩包管理器，它是档案工具 RAR 在 Windows 环境下的图形界面。该软件可用于备份数据，缩减电子邮件附件的大小，解压缩从 Internet 上下载的 RAR、ZIP 2.0 及其他文件，并且可以新建 RAR 及 ZIP 格式的文件。

WinRAR 的主要特点如下。

(1) WinRAR 采用独创的压缩算法。

(2) WinRAR 针对多媒体数据，提供了经过高度优化的可选压缩算法。

(3) WinRAR 支持的文件及压缩包大小达到 9223372036854775807 字节，约合 8192PB。

(4) WinRAR 完全支持 RAR 及 ZIP 压缩包，并且可以解压缩 CAB、ARJ、LZH、TAR、GZ、ACE、UUE、BZ2、JAR、ISO、Z、7Z 格式的压缩包。

(5) WinRAR 支持 NTFS 文件安全及数据流。

(6) WinRAR 提供了 Windows 经典交互界面及命令行界面。

(7) WinRAR 提供了创建"固实"压缩包的功能，与常规压缩方式相比，压缩率提高了10%～50%，尤其是在压缩许多小文件时更为显著。

(8) WinRAR 具备使用默认模块及外部自解压模块来创建并更改自解压压缩包的能力。

(9) WinRAR 具备创建多卷自解压压缩包的能力。

(10) 能建立多种方式的全中文界面的全功能(带密码)多卷自解包。

(11) WinRAR 能很好地修复受损的压缩文件。

(12) WinRAR 的辅助功能设计细致。

(13) WinRAR 可防止人为的添加、删除等操作，保持压缩包的原始状态。

4.2.2 压缩文件

由于很多文件比较零散而且传送不方便，可以将这些文件压缩成一个文件，具体步骤如下。

(1) 选择"开始"|"所有程序"| WinRAR | WinRAR 命令，或双击桌面上的 WinRAR 快捷方式图标，都可启动 WinRAR 程序，如图 4-1 所示。

(2) 从地址栏的下拉列表中选择被压缩文件所在的磁盘，如图 4-2 所示。

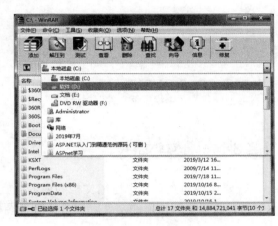

图 4-1 WinRAR 的主界面   图 4-2 选择位置

(3) 打开需压缩文件所在的文件夹，选中要压缩的文件，如图 4-3 所示。

(4) 单击"添加"按钮，弹出"压缩文件名和参数"对话框，如图 4-4 所示。

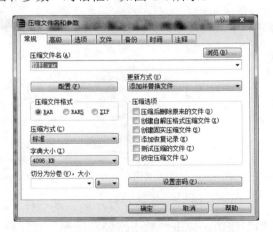

图 4-3 选择压缩文件   图 4-4 "压缩文件名和参数"对话框

(5) 在"压缩文件名"下拉列表框中输入压缩文件名，然后单击"浏览"按钮，弹出"查找压缩文件"对话框，如图 4-5 所示。

(6) 选择压缩文件的存放路径后，单击"确定"按钮，返回"压缩文件名和参数"对话框，单击"确定"按钮，开始压缩文件，如图 4-6 所示，压缩完毕后就可以在设置的存储路径中找到该压缩文件了。

图 4-5　"查找压缩文件"对话框

图 4-6　压缩文件进行中

4.2.3　解压缩文件

若要详细地查看某个压缩文档的内容，就需要将其解压，解压缩文件的具体步骤如下。

(1) 选择要解压缩的文件，双击该文件图标，弹出 WinRAR 主界面，如图 4-7 所示。

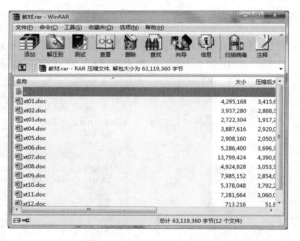

图 4-7　WinRAR 主界面

(2) 若用户只想解压其中的一些文件，可以选中这些文件，然后单击工具栏上的"解压到"按钮，弹出"解压路径和选项"对话框，如图 4-8 所示。

(3) 在"目标路径(如果不存在将被创建)"下拉列表框中选择解压文件的存放路径，然后单击"确定"按钮，开始解压文件，如图 4-9 所示。

图 4-8　"解压路径和选项"对话框　　　　图 4-9　解压文件进行中

 ## 4.3　文件加密工具——文件夹加密超级大师

4.3.1　文件夹加密超级大师的基本概念

　　文件夹加密超级大师是专业的文件加密软件。该软件有多种加密方式，能满足不同用户、不同方式的加密需求。它可以采用先进成熟的加密方法对文件夹进行快速加密和解密，也可以采用先进成熟的加密算法，对文件和文件夹进行超高强度的加密，让加密文件和加密文件夹无懈可击，没有密码无法解密，并且能够防止被删除、复制和移动。该软件同时还有禁止使用 USB 设备、只读使用 USB 设备和数据粉碎删除等辅助功能。本节以文件夹加密超级大师(试用版)为例进行讲解，用户在实际使用时可购买正版软件，其主界面如图 4-10 所示。

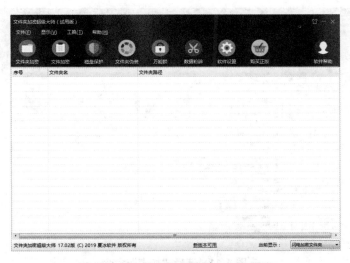

图 4-10　文件夹加密超级大师主界面

文件夹加密超级大师的主要功能如下。

(1) 功能强大的文件和文件夹加密和数据保护。有超快和最强的文件和文件夹加密功能，数据保护功能，文件夹、文件的粉碎删除，以及文件夹伪装功能。

(2) 文件夹搬移和隐藏加密功能可以瞬间加密电脑中或移动硬盘上的文件夹，加密后在何种环境下都无法通过其他软件解密，同时可防止复制、移动和删除。并且它不受系统影响，即使重装、Ghost 还原，加密的文件夹依然保持加密状态。隐藏加密的文件夹不通过本软件无法找到和解密。

(3) 能把文件夹和文件直接加密成 exe 可执行文件。可以将重要的数据以这种方法加密后再通过网络或其他方法在没有安装"文件夹加密超级大师"的机器上使用，并且速度也特别快，每秒可加密 25~50MB 的数据。

(4) 数据保护功能。可防止数据被人为删除、复制、移动和重命名，还支持临时解密被加密的文件夹，文件夹临时解密后，可以自动恢复到加密状态。

(5) 文件加密后，没有正确的密码无法解密。解密后，加密文件依然保持加密状态。

(6) 文件夹和文件的粉碎删除。可以把想删除但怕在删除后被别人用数据恢复软件恢复的数据彻底在电脑中删除。

(7) 文件夹伪装。可以把文件夹伪装成回收站、CAB 文件夹、打印机或其他类型的文件等，伪装后打开的是伪装的系统对象或文件，而不是伪装前的文件夹。另外还有驱动器隐藏加锁等一些系统安全设置的功能。

4.3.2 文件夹加密

为了保证个人的隐私和安全，用户需要对一些重要文件加密，可以使用文件夹加密超级大师，具体步骤如下。

(1) 打开"计算机"，找到想要进行加密的文件夹，在文件夹上单击鼠标右键，然后在弹出的快捷菜单中选择"加密"命令，如图 4-11 所示。

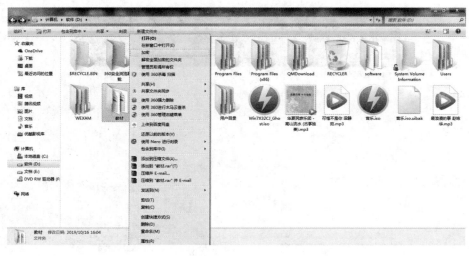

图 4-11 选择"加密"命令

(2) 选择"加密"命令之后弹出"加密文件夹 教材"对话框，如图 4-12 所示。

(3) 加密类型有闪电加密、隐藏加密、全面加密、金钻加密和移动加密，用户可以根据自己的需要选择加密类型。例如选择"闪电加密"，在"加密密码"文本框中输入密码，再次确认后，单击"加密"按钮即可，如图 4-13 所示。闪电加密完成后的文件夹图标如图 4-14 所示。

图 4-12　"加密文件夹 教材"对话框

图 4-13　闪电加密

图 4-14　闪电加密后的文件夹

4.3.3　文件夹打开和解密

用户有时需要对某个已加密的文件夹进行打开或解密，具体步骤如下。

(1) 打开"计算机"，找到想要进行打开或解密的文件夹，在文件夹上右击，然后在弹出的快捷菜单中选择"打开"或"解密"命令，如图 4-15 所示。

(2) 选择"打开"或"解密"命令之后，弹出"打开或解密文件夹 教材"对话框，如图 4-16 所示。

(3) 在"密码"文本框中输入正确的密码，单击"打开"按钮，弹出"文件夹浏览器"窗口，如图 4-17 所示，"文件夹浏览器"窗口中显示的就是加密文件夹里的所有内容。在"文件夹浏览器"窗口中对文件或文件夹的操作方法和"计算机"中是一样的，用户可以复制、移动、删除、重命名里面的文件夹和文件，也可以把里面的文件或文件夹通过复制、移动的方法复制到"计算机"里。当不需要使用加密文件夹里的文件时，关闭文件夹浏览器即可，不需要重新加密文件夹。若用户需要取消该文件夹的密码，则在"解密"对话框中输入密码之后，单击"解密"按钮，加密文件就恢复到未加密状态了。

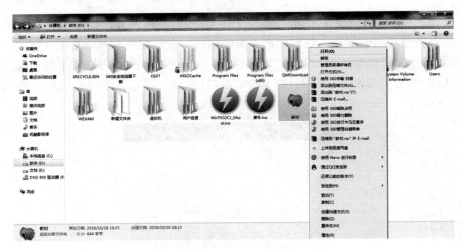

图 4-15   选择"打开"或"解密"命令

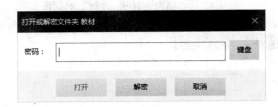

图 4-16   "打开或解密文件夹 教材"对话框

图 4-17   "文件夹浏览器"窗口

4.3.4   磁盘保护

文件夹加密和文件加密都是小范围内的加密方式,用户也可以将整个磁盘分区进行保护,具体步骤如下。

(1) 选择"开始"|"所有程序"|"文件夹加密超级大师"|"文件夹加密超级大师"命

令，或双击桌面上的"文件夹加密超级大师"快捷方式图标，都可启动"文件夹加密超级大师"主界面。

(2) 在"文件夹加密超级大师"主界面上单击"磁盘保护"按钮，打开"磁盘保护"对话框，如图 4-18 所示。

(3) 单击"添加磁盘"按钮，弹出"添加磁盘"对话框，如图 4-19 所示。

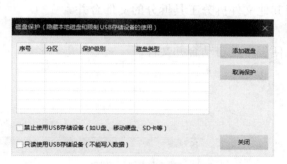

图 4-18　"磁盘保护"对话框　　　　图 4-19　"添加磁盘"对话框

(4) 用户可以在"添加磁盘"对话框中选择需要进行保护的磁盘，并选择保护级别，例如选择 D 盘，"保护级别"选择初级，单击"确定"按钮，对话框提示要重启资源管理器，操作生效后用户可以在磁盘列表中查看已经受到保护的磁盘的信息，如图 4-20 所示。

图 4-20　已经受到保护的磁盘的信息

(5) 若用户需要取消保护，则在"磁盘保护"对话框的磁盘列表中选中某个磁盘，单击"取消保护"按钮即可。

4.4　文件分割工具——X-Split

4.4.1　X-Split 简介

X-Split 是一个文件拆分和还原工具。X-Split 可以将任意类型、任意大小的文件或文件夹分割成用户所需要的大小并能将其还原，此外，X-Split 也是一个文件合并工具，可以用它替代 DOS 的 Copy 命令。

为了使磁盘能容下更多的文件，我们经常先用压缩工具把文件压缩，然后复制到磁盘中来转存文件，这当然是个好办法，但并不适用于大文件。尽管也可以用压缩软件 WinZIP 等压缩工具对源文件进行分卷压缩，但出错概率很大；而文件分割软件使用方便、安全性较高，因此更适合在网络上传送大文件。

X-Split 的主要特点如下。

(1) 该软件最重要的特点就是能将用其他文件拆分工具拆分的文件合并。

(2) 支持鼠标的拖放操作。

(3) 在分割时能产生批处理文件，以便程序能自动合并文件。

(4) 支持软盘分割。

(5) 快速、高效，系统资源占用低。

(6) 支持右键菜单。

(7) 支持多语种动态切换。

(8) 支持自动还原分割文件。

X-Split 的特点是在分割文件时能生成一个 Bat 文件，使用户在没有本软件的情况下也能将文件还原。

由于 X-Split 专注于文件分割，所以它不需要占用很多资源，于是安装也就十分简单，只要把下载的文件解压到一个文件夹，然后直接运行即可。本节以 X-Split V0.99 为例进行讲解，其主界面如图 4-21 所示。

图 4-21　X-Split 主界面

4.4.2　分割文件

启动一次 X-Split 之后，软件就会自动在桌面上创建快捷方式图标。使用 X-Split 分割文件的具体操作步骤如下。

(1) 双击桌面上的 X-Split 快捷方式图标或在 X-Split 根目录中双击其可执行文件，都可启动 X-Split 程序。

(2) 单击主界面中的"打开"按钮，弹出"打开"对话框，如图 4-22 所示。

(3) 选中要分割的文件，本节以分割"教材.rar"文件为例，然后单击"打开"按钮，返回主界面，此时会显示分割后的文件名，如图 4-23 所示。

(4) 单击"文件名"按钮，弹出"另存为"对话框，如图 4-24 所示。

(5) 在"文件名"文本框中更改文件名，在"保存在"下拉列表框中选择分割文件的保存路径，然后单击"保存"按钮，返回主界面。

(6) 在"大小"下拉列表框中单击下拉按钮，弹出下拉列表，如图 4-25 所示。

(7) 在"大小"下拉列表中选择或输入文件大小，然后单击"开始"按钮开始分割文件。待分割文件完毕后，用户可以在保存路径中查看到分割后的文件，如图 4-26 所示。

图 4-22　"打开"对话框

图 4-23　分割后的文件名

图 4-24　"另存为"对话框

图 4-25　"大小"下拉列表

图 4-26　分割结果

 ## 4.5　回到工作场景

通过 4.2～4.4 节内容的学习，相信读者已经掌握了一些常用的文件处理工具软件，并足以完成 4.1 节工作场景中的任务了。具体的实现过程如下。

【工作过程一】

对文件进行分卷压缩，可以方便用户转存、共享文件；对文件进行加密，可以确保重要数据的安全，防止被不法分子窃取或者丢失，具体操作步骤如下。

(1) 选择"开始"|"所有程序"| WinRAR | WinRAR 命令，或双击桌面上的 WinRAR 快捷方式图标，都可启动 WinRAR 程序。

(2) 选择要压缩的文件，然后单击"添加"按钮，弹出"压缩文件名和参数"对话框，如图 4-27 所示。

(3) 在"切分为分卷(V)，大小"下拉列表框中输入压缩分卷文件的大小，然后单击"确定"按钮，开始压缩，如图 4-28 所示。

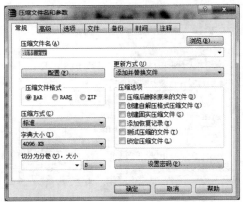

图 4-27 "压缩文件名和参数"对话框

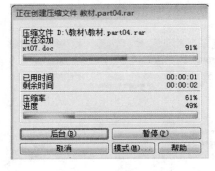

图 4-28 开始压缩

(4) 待压缩完毕后，就可以在文件夹中看见有 part01～part07 7 个分卷压缩文件了，如图 4-29 所示。

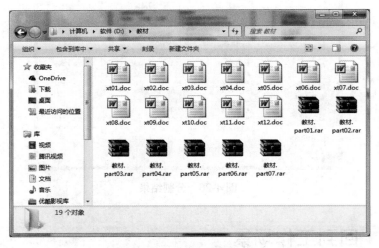

图 4-29 分卷压缩结果

【工作过程二】

当需要对重要文件资料进行加密时，操作步骤如下。

（1）分卷压缩文件之后，将上述 7 个分卷压缩文件存放到一个文件夹里，文件夹命名为"加密教材"，右击该文件夹，然后在弹出的快捷菜单中选择"加密"命令，如图 4-30 所示。

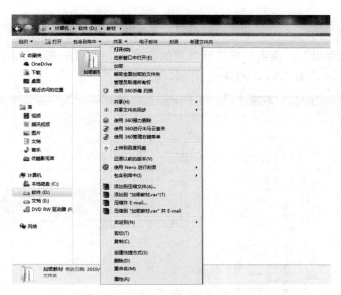

图 4-30　对文件夹加密

（2）选择"加密"命令之后，弹出"加密文件夹 加密教材"对话框，如图 4-31 所示。

图 4-31　"加密文件夹 加密教材"对话框

（3）在"加密密码"文本框中输入密码，再次确认后，单击"加密"按钮即可。

4.6　工作实训营

4.6.1　训练实例

1. 训练内容

学会运用文件夹加密超级大师来加密文件。

2. 训练目的

掌握用文件夹加密超级大师来加密文件的方法。

3. 训练过程

具体实现步骤如下。

(1) 打开"计算机",找到想要进行加密的文件夹,在文件夹上右击,然后在弹出的快捷菜单中选择"加密"命令,如图 4-32 所示。

图 4-32 选择"加密"命令

(2) 选择"加密"命令之后,弹出"加密文件夹 教材"对话框,如图 4-33 所示。

图 4-33 "加密文件夹 教材"对话框

(3) 加密类型有闪电加密、隐藏加密、全面加密、金钻加密和移动加密几种,用户可以根据自己的需要选择加密类型。例如选择"闪电加密",在"加密密码"文本框中输入密码,再次确认后,单击"加密"按钮即可,如图 4-34 所示。闪电加密完成后的文件夹图标如图 4-35 所示。

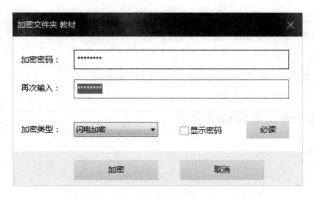

教材

图 4-34　闪电加密　　　　　　　　　　图 4-35　闪电加密后的文件夹图标

4. 技术要点

加密文件时要确保记住密码，否则很难恢复。

4.6.2　工作实践常见问题解析

【问题 1】如何对一些重要文件加密？

【答】可使用文件夹加密超级大师对文件进行加密。

【问题 2】文件太大，压缩时能拆分文件吗？

【答】可以利用 WinRAR 的分卷压缩功能进行压缩。

【问题 3】其他的文件拆分工具拆分的文件能合并吗？

【答】可利用 X-Split 进行文件合并。

小　结

本章主要介绍了一些常用的文件处理工具软件：压缩管理工具 WinRAR、文件加密工具、文件分割工具等。通过本章的学习，读者可以熟练使用 WinRAR 进行压缩文件和解压缩文件等，学会使用文件夹加密超级大师进行文件夹加密、解密，能够灵活运用文件分割工具 X-Split 来解决文件处理时的一些常见问题。

习　题

1. 使用 WinRAR 压缩文件，并加密压缩文件。
2. 使用 WinRAR 创建自解压文件。
3. 使用 WinRAR 向导创建分卷压缩文件。
4. 使用 WinZIP 创建可执行文件。

5. 在 ZIP 文件中查看文件。
6. 使用 WinZIP 向导将文件添加到已有的 ZIP 文件中。
7. 使用文件夹加密超级大师对文件进行加密。
8. 使用 X-Split 软件分割一个大文件,并将分割后的文件进行合并。
9. 使用 X-Split 的自合并文件功能合并一个文件。
10. 使用 X-Split 软件合并任意文件并设置 X-Split 软件。

第 5 章

光盘工具软件

 本章要点

- 使用 Nero Express 制作 CD 音频、视频光盘及进行数据刻录
- 使用 Nero Express 复制光盘
- 使用 UltraISO 制作光盘映像文件
- 使用 UltraISO 编辑映像文件
- 利用 UltraISO 转换映像文件格式
- 利用 DAEMON Tools 加载映像文件

 技能目标

- 熟练使用 Nero Express 制作 CD 的相关操作
- 能够使用 UltraISO 制作、编辑镜像文件

5.1 工作场景导入

【工作场景】

如果您在生活中曾经因计算机崩溃或者心爱的光盘毁坏,而丢失宝贵的数据或再也无法找回来的音乐 CD,一定会后悔之前没有做备份。即使到目前为止,您还没有经历过这种痛苦的事情,那么您能保证将来某一天这种噩梦不会发生吗?所以还是未雨绸缪,找一种方法来把数据做个备份吧!

【引导问题】

(1) 如何使用光盘刻录工具刻录 CD?
(2) 如何使用光盘刻录工具刻录视频及数据?
(3) 如何制作光盘映像文件?

5.2 光盘刻录工具——Nero Express

5.2.1 Nero Express 简介

Nero 12 是德国 Ahead 公司出品的光盘刻录软件,也是全球应用最多的光盘刻录软件,它可以轻松快速地制作 CD 和 DVD,不论是资料 CD、音乐 CD、Video CD、Super Video CD、DDCD 或是 DVD,所有的操作都是一样的。Nero 12 的主界面如图 5-1 所示。Nero Express 是在主应用程序 Nero 的基础上推出的一款新的刻录应用程序,它采用了一种富有新意的向导,提供了一些基础功能,例如制作数据光盘、音频光盘,还适用于 DVD-RW 和 DVD+RW 驱动器。

图 5-1 Nero 12 主界面

5.2.2　Nero Express 的功能及特点

Nero 的功能十分强大，它的主要特点如下。

1．制作数据光盘

1) 数据光盘

建立标准数据光盘，数据光盘可用来保存所有类型的文件和完整的文件夹。

2) 数据 DVD

创建一张可用来保存所有类型的文件和文件夹的数据 DVD。

3) 蓝光数据光盘

创建蓝光光盘，该光盘可用来保存所有类型的文件和完整的文件夹。

2．制作音频光盘

1) 音乐光盘

创建标准音频光盘，可以在所有音频光盘播放器上播放。

2) Jukebox 音频 DVD

将收藏的所有 MP3、WMA 或 Nero AAC 文件制成一张 DVD。

3．制作视频光盘

1) DVD 视频文件

利用硬盘上的 DVD 视频文件结构，制作高品质 DVD 视频光盘。

2) BDMV 文件

从硬盘驱动器上的 BD 视频文件创建高质量的 BDMV 文件。

3) AVCHD(TM)文件(DVD)

从硬盘驱动器上的 AVCHD(TM)文件创建高品质的 AVCHD(TM)DVD 文件。

4) AVCHD(TM)文件(BD)

从硬盘驱动器上的 AVCHD(TM)文件创建高品质的 BD 文件。

4．映像、项目、复制

从先前刻录的硬盘驱动器的光盘映像刻录光盘。

5.2.3　使用 Nero Express 制作 CD 音频光盘

下面首先介绍使用 Nero Express 制作 CD 音频光盘的操作步骤。

(1) 选择"开始"|"所有程序"| Nero 12 | Nero Express 命令，或双击桌面上的 Nero Express 快捷方式图标，都可启动 Nero Express 程序，如图 5-2 所示。

(2) 单击主界面上的"音乐"按钮，进入"音乐"选项界面，该选项界面中有四个选项，如图 5-3 所示。第一项用于创建标准音乐光盘，在刻录过程中，MP3 和 WMA 文件将自动转换为音频光盘格式；第二项为创建 Jukebox 音频 CD，可以将所有 MP3、WMA 或 Nero AAC

文件制成一张 CD，目前市面上所有的 CD 机都可以支持播放 MP3 光盘。第三项为创建 Jukebox 音频 DVD；第四项为创建 Jukebox Blu-ray 光盘。

图 5-2　Nero Express 主界面

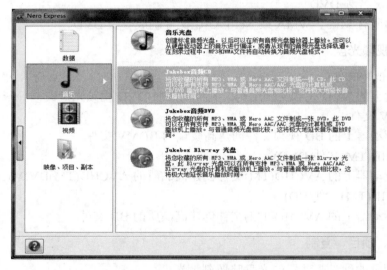

图 5-3　"音乐"选项界面

(3) 单击"Jukebox 音频 CD"选项，弹出"我的 Jukebox 光盘"向导页面，单击"添加"按钮右侧的下拉箭头，选择"文件"选项，如图 5-4 所示。

(4) 在弹出的"添加文件和文件夹"对话框中，选择要刻录的音乐文件，单击"添加"按钮，如图 5-5 所示。

(5) 待全部音乐添加完成后单击"关闭"按钮，回到"我的 Jukebox 光盘"向导页面。再单击"下一步"按钮，进入"最终刻录设置"向导页面，选择刻录机和确定光盘名称，最后单击"刻录"按钮，如图 5-6 所示。

(6) 刻录成功后，弹出提示对话框，如图 5-7 所示，单击"确定"按钮即可。

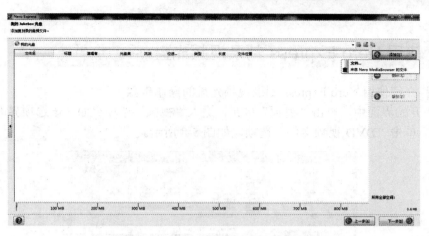

图 5-4 "我的 Jukebox 光盘"向导页面

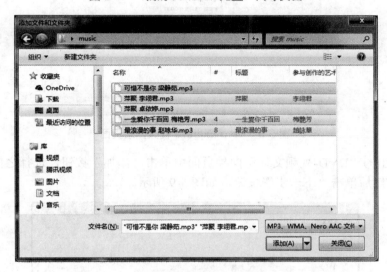

图 5-5 "添加文件和文件夹"对话框

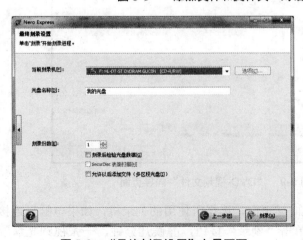

图 5-6 "最终刻录设置"向导页面

图 5-7 刻录成功

5.2.4 使用 Nero Express 刻录视频光盘

下面将介绍使用 Nero Express 刻录视频光盘的操作步骤。

(1) 在开始界面中，单击"视频"按钮，进入"视频"选项界面，该选项界面中有四个选项。然后单击"DVD 视频文件"选项，如图 5-8 所示。

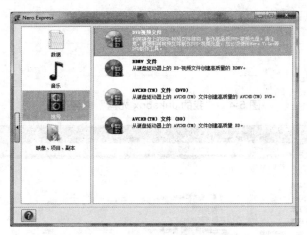

图 5-8 Nero Express 视频刻录页面

(2) 在弹出的"DVD-视频文件"向导页面中单击"添加"按钮，选择之前转换好格式的视频文件，然后单击"下一步"按钮，如图 5-9 所示。

图 5-9 "DVD-视频文件"向导页面

(3) 进入"最终刻录设置"向导页面，选择所使用的刻录机，如果电脑只连接着一个光驱，那么就不用更改了，直接单击"刻录"按钮，静候几分钟，一张视频光盘就刻录出来了，如图 5-10 所示。

图 5-10 "最终刻录设置"向导页面

5.2.5 使用 Nero Express 复制光盘

下面以复制一张系统盘为例，来介绍如何使用 Nero Express 复制光盘。系统盘的复制有两种方式，一种是直接复制现有的系统盘，另一种是将系统光盘映像文件刻录到光盘中。

(1) 直接复制现有的系统盘：单击左边窗格中的"映像、项目、副本"按钮，放入源光盘(母盘)，然后选择"复制光盘"选项，如图 5-11 所示。

图 5-11 复制光盘

在弹出的"选择来源及目标"向导页面中，确定源驱动器和目标驱动器，单击"复制"按钮。复制完成后，Nero 会自动弹出光驱，然后放入空白盘，即可复制成功，如图 5-12 所示。

(2) 将系统光盘映像文件刻录到光盘：单击左边窗格中的"映像、项目、副本"按钮，选择"光盘映像或保存的项目"选项，如图 5-13 所示。

(3) 在弹出的"打开"对话框中，选择 ISO 文件，再回到"最终刻录设置"向导页面，如图 5-14 所示。单击"刻录"按钮就可刻录 ISO 镜像至光盘。

图 5-12 "选择来源及目标"向导页面

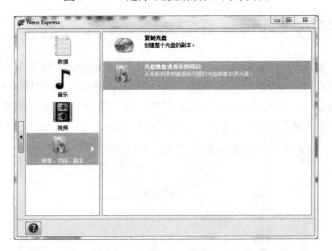

图 5-13 ISO 格式的光盘镜像文件刻录

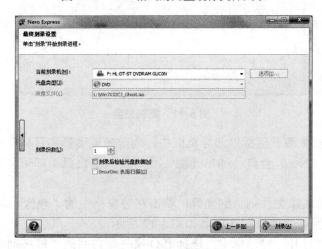

图 5-14 最终刻录设置

5.3　光盘映像文件制作工具——UltraISO

5.3.1　UltraISO 的功能及特点

随着大容量硬盘的普及，人们已经习惯将光盘复制成光盘映像文件使用，普遍采用的是 ISO 9660 国际标准格式，因此光盘映像文件也简称 ISO 文件。因为 ISO 文件保留了光盘中的全部数据信息(包括光盘启动信息)，所以可以方便地采用常用光盘刻录软件(如 Nero Burning-ROM)通过 CD-R/RW 刻录成光碟，也可以通过虚拟光驱软件(如 DAEMON Tools)直接使用。

UltraISO 软碟通是一款功能强大而又方便实用的光盘映像文件制作、编辑、转换工具，其主要功能及特点如下。

(1) 光盘映像文件制作：将存储在 CD/DVD-ROM 或硬盘上的文件制作成 ISO 镜像文件，亦可将 ISO 映像文件写入 CD/DVD。

(2) ISO 映像文件编辑：支持 ISO 映像文件编辑，包括添加/删除/新建目录/重命名；可处理光盘启动信息，可以在 ISO 文件中直接添加/删除/获取启动信息。

(3) 映像文件格式转换：UltraISO 独有的智能化 ISO 文件格式分析器，支持 27 种常见光盘映像格式，几乎可以处理目前所有的光盘映像文件，包括 ISO、BIN、NRG、CIF、IMG、BWI、DAA、DMG、HFS 等，甚至可以支持新出现的光盘映像文件。使用 UltraISO 可以打开这些映像，直接提取其中的文件，进行编辑并将这些格式的映像文件转换为标准的 ISO 格式，供刻录/虚拟软件使用。

(4) 光盘映像启动介质：可直接使用 UltraISO 制作 U 盘启动盘、系统引导光盘(CD/DVD)。UltraISO 涵盖了六种写入类型：USB-HDD、USB-ZIP、USB-HDD+、USB-ZIP+、USB-HDD+ v2、USB-HDD+ v2，根据不同的兼容性，满足启动盘的制作要求。

(5) 界面人性化，操作更便利：采用双窗口统一用户界面，自动优化 ISO 文件存储结构，节省空间；可在 Windows 资源管理器中通过双击或用鼠标右键菜单打开 ISO 文件；只需使用快捷按钮和鼠标拖放便可以轻松搞定光盘映像文件。

5.3.2　使用 UltraISO 制作光盘映像文件

(1) 选择"开始"|"所有程序"|UltraISO|UltraISO 命令，或双击桌面上的 UltraISO 快捷方式图标，打开 UltraISO 光盘映像制作工具，选择"工具"菜单下的"制作光盘映像文件…"命令，如图 5-15 所示。

(2) 在弹出"制作光盘映像文件"对话框中选择光盘驱动器，设定读取选项，指定输出映像文件名，选择输出的格式，包括标准 ISO、压缩 ISO、BIN、Alcohol、Nero、CloneCD 等，如图 5-16 所示。

(3) 单击"制作"按钮，开始制作光盘映像文件。系统会显示制作进度，可以单击"停止"按钮终止制作过程，如图 5-17 所示。

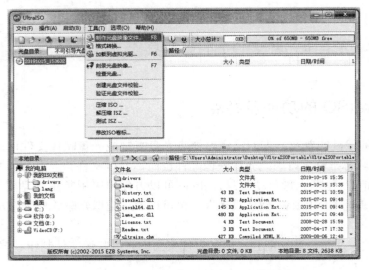

图 5-15　UltraISO 界面中的"工具"菜单

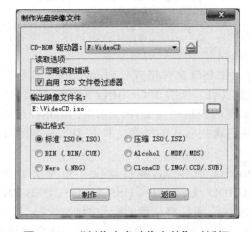

图 5-16　"制作光盘映像文件"对话框

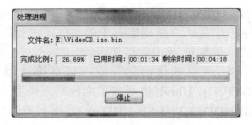

图 5-17　"处理进程"对话框

⚠ **注意**：可以从资源管理器中直接将文件拖到 UltraISO 的主界面，再单击"保存"按钮，将本地文件制作成映像文件。

5.3.3　使用 UltraISO 编辑映像文件

1．向映像文件中添加文件

如果用户在创建映像文件后还想添加文件也是可以的，UltraISO 提供了在已有映像文件中添加文件的功能。

(1) 在主界面上单击"打开"按钮，弹出"打开 ISO 文件"对话框，如图 5-18 所示。

(2) 选中映像文件，然后单击"打开"按钮，返回主界面，如图 5-19 所示。

图 5-18　"打开 ISO 文件"对话框

图 5-19　打开映像文件后的主界面

(3) 选择"操作"菜单下的"添加文件…"命令，弹出"添加文件"对话框，如图 5-20
所示。

图 5-20　"添加文件"对话框

(4) 选中要添加的文件，然后单击"打开"按钮，返回主界面，如图 5-21 所示。

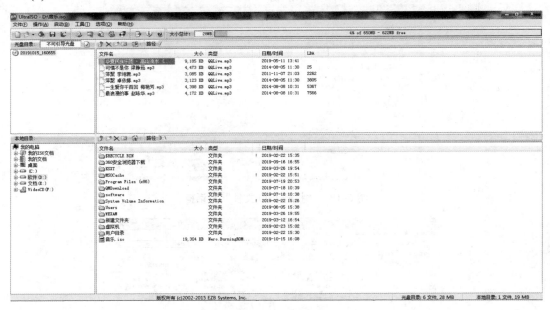

图 5-21　选择要添加的文件界面

(5) 单击"保存"按钮即可。

2．从映像文件中删除文件

使用 UltraISO 也可以从创建好的映像文件中删除文件。

(1) 在主界面上单击"打开"按钮，弹出"打开 ISO 文件"对话框，如图 5-22 所示。

图 5-22　"打开 ISO 文件"对话框

(2) 选中映像文件，然后单击"打开"按钮，返回主界面，如图 5-23 所示。

(3) 在文件列表中选中要删除的文件，然后选择"操作"菜单下的"删除"命令，或者单击 ✕ 按钮，即可将选中的文件删除。

图 5-23　打开映像文件后的主界面

(4) 单击"保存"按钮即可。

3．从映像文件中提取文件

UltraISO 提供了从当前创建的映像文件中提取文件的功能。

(1) 在主界面上单击"打开"按钮，弹出"打开 ISO 文件"对话框，如图 5-24 所示。

图 5-24　"打开 ISO 文件"对话框

(2) 选中映像文件，然后单击"打开"按钮，返回主界面，如图 5-25 所示。

(3) 选中要提取的文件，然后选择"操作"菜单下的"提取"命令，弹出"浏览文件夹"对话框，如图 5-26 所示。

(4) 选择保存路径后，单击"确定"按钮返回。再打开保存文件的文件夹，显示出已提取的文件，如图 5-27 所示。

图 5-25　打开映像文件后的主界面

图 5-26　"浏览文件夹"对话框

图 5-27　提取文件成功

5.3.4　利用 UltraISO 转换光驱文件格式

UltraISO 支持 BIN 格式文件和 ISO 格式文件互相转换，以及将其他格式文件转换成 BIN 格式文件或者 ISO 格式文件。

(1) 在主界面上选择"工具"|"格式转换…"命令，弹出"转换成标准 ISO"对话框，如图 5-28 所示。

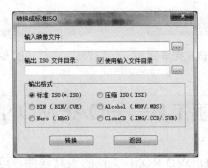

图 5-28　"转换成标准 ISO"对话框

(2) 在"输入映像文件"选项组中单击 ⋯ 图标按钮，弹出"设置输入映像文件"对话框，如图 5-29 所示。

图 5-29　"设置输入映像文件"对话框

(3) 选中要转换的文件，然后单击"打开"按钮，返回"转换成标准 ISO"对话框，如图 5-30 所示。

(4) 在"输出 ISO 文件目录"选项组中单击 ⋯ 图标按钮，弹出"浏览文件夹"对话框，设置输出文件目录，如图 5-31 所示。

(5) 单击"确定"按钮，返回到"转换成标准 ISO"对话框，在"输出格式"选项组中选择要转换成的格式，单击"转换"按钮即可。

图 5-30　来源文件选择完毕　　　　　　图 5-31　设置输出文件目录

 ## 5.4　虚拟光驱工具——DAEMON Tools

虚拟光驱是一种模拟 CD/DVD-ROM 工作的工具软件，可以生成和电脑上所安装的光驱功能一模一样的光盘镜像，一般光驱能做的事，虚拟光驱一样可以做到。

DAEMON Tools 是一款优秀的虚拟光驱工具。它可以完美地支持加密光盘、支持 Photoshop，是一个强大完美的模拟备份并且合并保护光盘的软件，另外还可以备份 SafeDisc 保护的程序软件，还可以打开如 CUE、ISO、MB、CCD、BWT、MDS、CDI、VCD 等这些流行广泛的虚拟光驱的镜像文件。它可以把光盘镜像直接变成一个光盘盘符，这样可以不用把镜像释放到硬盘或者再刻成光盘就可以当作光驱一样用了。

DAEMON Tools 可以直接加载映像文件作为虚拟光驱，下面介绍操作步骤。

(1) 选择"开始"|"所有程序"|DAEMON Tools|DAEMON Tools 命令，或双击桌面上的 DAEMON Tools 快捷方式图标，打开 DAEMON Tools 虚拟光驱工具，选择"映像"菜单，再单击右侧的"添加映像"按钮，如图 5-32 所示。

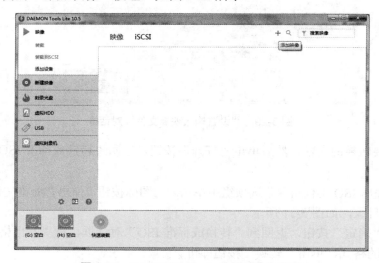

图 5-32　DAEMON Tools 的"映像"界面

(2) 在弹出的"打开"对话框中找到要运行的映像文件，这里选择的是系统盘，iso 的映像，如图 5-33 所示。

图 5-33　"打开"对话框

(3) 选中后单击"打开"按钮，然后软件界面就有了刚才添加的映像文件，如图 5-34 所示。

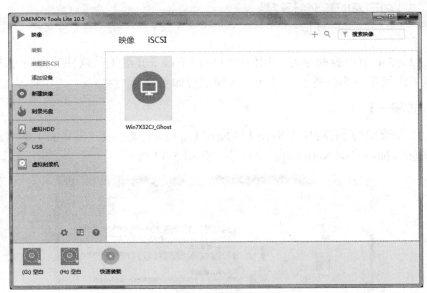

图 5-34　添加映像后的"映像"界面

(4) 双击刚才添加的映像，就会提示装载映像，如图 5-35 所示。

(5) 装载完成后，在计算机中就可以看到新装载的映像文件了，这时就可以打开文件并查看里边的内容了，如图 5-36 所示。

图 5-35　装载映像

图 5-36　装载映像后的虚拟光驱

5.5　回到工作场景

通过 5.2～5.4 节内容的学习，相信读者应该掌握了光盘工具软件的使用方法，并足以完成 5.1 节工作场景中的任务了。具体的实现过程如下。

【工作过程一】

(1) 选择"开始"|"所有程序"| Nero 12 | Nero Express 命令，或双击桌面上的 Nero Express 快捷方式图标，都可启动 Nero Express 程序，如图 5-37 所示。

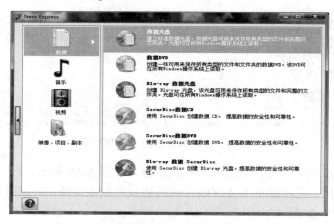

图 5-37　Nero Express 主界面

(2) 单击主界面上的"音乐"按钮,进入"音乐"选项界面,该选项界面中有四个选项,如图 5-38 所示。

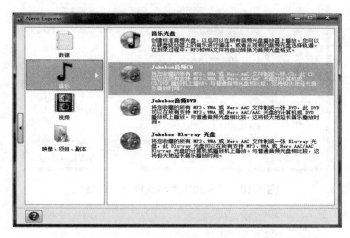

图 5-38 Nero Express 音频刻录页面

(3) 单击"Jukebox 音频 CD"选项,弹出"我的 Jukebox 光盘"向导页面,单击"添加"按钮右侧的下拉箭头,选择"文件"选项,如图 5-39 所示。

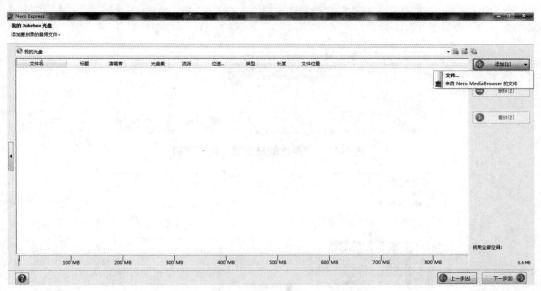

图 5-39 "我的 Jukebox 光盘"向导页面

(4) 在弹出的"添加文件和文件夹"对话框中,选择要刻录的音乐文件,单击"添加"按钮,如图 5-40 所示。

(5) 待全部音乐添加完成后,单击"关闭"按钮,返回到"我的 Jukebox 光盘"向导页面。再单击"下一步"按钮,进入"最终刻录设置"向导页面,选择刻录机和确定光盘名称,最后单击"刻录"按钮,如图 5-41 所示。

(6) 刻录成功后,弹出提示对话框,如图 5-42 所示,单击"确定"按钮即可。

图 5-40 "添加文件和文件夹"对话框

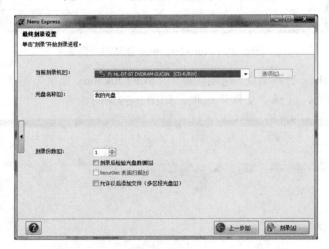

图 5-41 "最终刻录设置"向导页面

图 5-42 刻录成功

【工作过程二】

(1) 在主界面中，单击"视频"按钮，进入"视频"选项界面，该选项界面中有四个选项。然后单击"DVD 视频文件"选项，如图 5-43 所示。

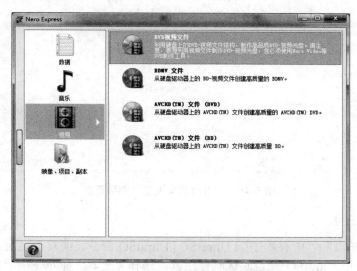

图 5-43　Nero Express 视频刻录页面

(2) 在弹出的"DVD-视频文件"向导页面中单击"添加"按钮，选择之前转换好格式的视频文件，然后单击"下一步"按钮，如图 5-44 所示。

图 5-44　在"DVD-视频文件"向导页面中添加视频

(3) 进入"最终刻录设置"向导页面，选择所使用的刻录机，如果电脑只连接着一个光驱，那么就不用更改了，直接单击"刻录"按钮，静候几分钟，一张视频光盘就刻录出来了，如图 5-45 所示。

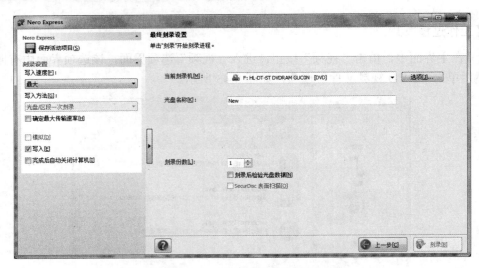

图 5-45 "最终刻录设置"向导页面

【工作过程三】

(1) 选择"开始"|"所有程序"| UltraISO | UltraISO 命令，或双击桌面上的 UltraISO 快捷方式图标，打开 UltraISO 光盘映像制作工具，选择"工具"菜单下的"制作光盘映像文件…"命令，如图 5-46 所示。

图 5-46 UltraISO 界面的"工具"菜单

(2) 在弹出的"制作光盘映像文件"对话框中选择光盘驱动器，设定读取选项，指定输出映像文件名，选择输出的格式，包括标准 ISO、压缩 ISO、BIN、Alcohol、Nero、CloneCD 等，如图 5-47 所示。

(3) 单击"制作"按钮，开始制作光盘映像文件。系统会显示制作进度，可以单击"停止"按钮终止制作过程，如图 5-48 所示。

图 5-47　"制作光盘映像文件"对话框　　　　　图 5-48　"处理进程"对话框

 ## 5.6　工作实训营

5.6.1　训练实例

1．训练内容

利用 Nero Express 制作音频 CD 光盘。

2．训练目的

熟练使用光盘工具软件对 CD 文件进行操作及处理。

3．训练过程

具体实现步骤如下。

(1) 选择"开始"|"所有程序"| Nero 12 | Nero Express 命令，或双击桌面上的 Nero Express 快捷方式图标，启动 Nero Express 程序。

(2) 单击主界面上的"音乐"按钮，进入"音乐"选项界面，该选项界面中有四个选项。

(3) 单击"Jukebox 音频 CD"选项，弹出"我的 Jukebox 光盘"向导页面，单击"添加"按钮右侧的下拉箭头，选择"文件"选项。

(4) 在弹出的"添加文件和文件夹"对话框中，选择要刻录的音乐文件，单击"添加"按钮。

(5) 待全部音乐添加完成后，单击"关闭"按钮，回到"我的 Jukebox 光盘"向导页面。再单击"下一步"按钮，进入"最终刻录设置"向导页面，选择刻录机和确定光盘名称，最后单击"刻录"按钮。

(6) 刻录成功后，弹出提示对话框，单击"确定"按钮即可。

4．技术要点

利用 Nero Express 的"Jukebox 音频 CD"功能对音频文件进行刻录。

5.6.2　工作实践常见问题解析

【问题 1】可以用什么软件刻录音频文件？

【答】可以用 Nero Express 制作 CD 音频光盘。

【问题 2】怎样刻录视频文件？

【答】打开 Nero Express，单击"视频"按钮，进入"视频"选项界面，选择"DVD 视频文件"选项。

【问题 3】怎样复制现有的系统盘？

【答】可以在 Nero Express 主界面中单击左边窗格中的"映像、项目、副本"按钮，放入源光盘(母盘)，然后单击"复制光盘"按钮，复制完成后，Nero 会自动弹出光驱，然后放入空白盘，即可复制成功。

【问题 4】怎样创建新的光盘映像文件？

【答】使用 UltraISO 可以创建新的映像文件，并可以从当前映像文件中添加、删除和提取文件。

【问题 5】如何转换光驱文件格式？

【答】利用 UltraISO 可以在 BIN 格式文件和 ISO 格式文件之间转换，以及将其他格式文件转换成 BIN 或者 ISO 格式文件。

【问题 6】使用何种虚拟光驱工具装载映射文件？

【答】DAEMON Tools 可以直接加载映像文件作为虚拟光驱。

小　结

本章主要介绍了三种常用的光盘工具软件：光盘刻录工具 Nero Express、ISO 映像文件制作工具 UltraISO、虚拟光驱工具 DAEMON Tools。通过本章的学习，可以熟练使用 Nero Express 制作 CD 音频、视频光盘及进行数据刻录、复制光盘等，学会使用 UltraISO 从光驱中创建映像文件、编辑映像文件、转换光驱文件格式等，能够灵活运用一些虚拟光驱工具装载映像文件，并可以了解一些光盘文件操作工具，解决刻录光盘时遇到的一些常见问题。

习　题

1. 使用 Nero Express 刻录 CD 和 DVD 数据光盘。
2. 使用 Nero Express 制作音频和视频光盘。
3. 使用 Nero Express 获取系统信息并测试驱动器。
4. 使用 UltraISO 创建 ISO 文件，并编辑(删除、提取和添加)ISO 文件。
5. 利用 UltraISO 将 ISO 格式文件转换成 BIN 格式。
6. 使用 DAEMON Tools 打开映像文件作为虚拟光驱。

第 6 章

电子图书浏览和制作工具软件

 本章要点

- 利用超星图书阅览器打开远程图书馆中的书目
- 利用 Adobe Reader 阅读 PDF 文件
- 在 IEbook 电子杂志生成器中给电子杂志添加特效
- 在 IEbook 电子杂志生成器中更改电子杂志的封面和封底
- 在 IEbook 电子杂志生成器中发布电子杂志

 技能目标

- 熟练使用超星图书阅览器
- 能够使用 IEbook 电子杂志生成器制作电子杂志

6.1 工作场景导入

【工作场景】

电子图书又称 E-book，是指以数字代码方式将图、文、声、像等信息，存储在磁、光、电介质上，通过计算机或类似设备使用，并可复制发行的大众传播体。其类型有：电子图书、电子期刊、电子报纸和软件读物等。

小王想学习一些软件的使用方法，发现下载的教程多为 PDF 格式，他想阅读该软件教程以及复制、粘贴某些内容，同时他也想自己制作一个教程，该如何操作？

【引导问题】

(1) 如何利用超星图书阅览器打开远程图书馆中的教程及书目？

(2) 如何阅读下载的电子图书？

(3) 如何制作一本与众不同的电子图书？

6.2 图书浏览工具——超星图书阅览器

6.2.1 超星图书阅览器的基本概念

超星图书阅览器(SSReader)是超星公司拥有自主知识产权的图书阅览器，是专门针对数字图书的阅览、下载、打印、版权保护和下载计费而研究开发的，可以阅读网上由全国各大图书馆提供的、总量超过 30 万册的 PDF 格式电子图书，并可阅读其他多种格式的数字图书。

超星图书阅览器的功能及特点如下。

(1) 可以阅读 PDF 格式的数字图书。

(2) 可以在线搜索图书。

(3) 能制作新的电子图书。

(4) 会员可以上传自己整理的专题图书馆、分类的站点，并通过上传资源站点实现资源共享。

(5) 可以在网站上下载资料。

6.2.2 使用超星图书阅览器浏览电子图书

下面将介绍如何利用超星图书阅览器打开远程图书馆的书目。

(1) 选择"开始"|"所有程序"|"超星阅览器"|"超星阅览器"命令，或双击桌面上的"超星阅览器"快捷方式图标，启动超星阅览器程序，其主界面如图 6-1 所示。

图 6-1　超星阅览器主界面

(2) 在界面左侧切换到"资源"选项卡，列表中有"本地图书馆""光盘"和"数字图书网" 3 类，如图 6-2 所示。

(3) 单击"数字图书网"左边的⊕按钮，或者双击"数字图书网"选项，展开其下级分类，如图 6-3 所示。

图 6-2　"资源"选项卡

图 6-3　展开"数字图书网"

(4) 在分类中找到"经济图书馆"选项，单击其左边的⊕按钮，或者双击"经济图书馆"选项，将其展开，如图 6-4 所示。

(5) 依次展开类别，找到需要的书目。例如选择"中国旅游事业"类别，其所有的书目将在右侧窗格中显示，如图 6-5 所示。

(6) 双击要阅读的书籍，或者右击并在弹出的如图 6-6 所示的快捷菜单中选择"打开"命令。

图 6-4   展开"经济图书馆"选项

图 6-5   选择"中国旅游事业"类别

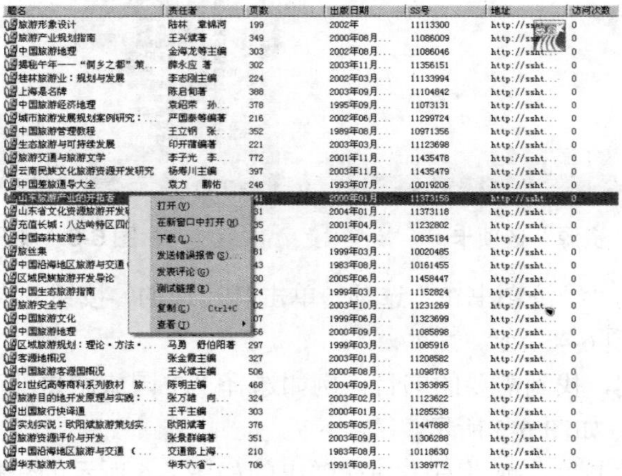

图 6-6   选择"打开"命令

(7) 打开如图 6-7 所示的界面，用户可选择"阅览器阅读"或者"IE 阅读"方式。

图 6-7 "IE 阅读"方式的界面

(8) 切换到"阅览器阅读"方式，打开如图 6-8 所示的窗口，即可用超星图书阅览器阅读远程图书馆的书目。

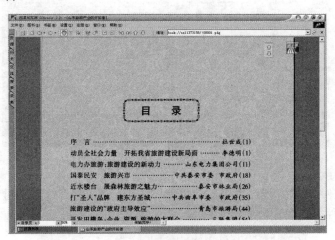

图 6-8 "阅览器阅读"方式

6.3 PDF 阅读工具——Adobe Reader

6.3.1 Adobe Reader 的基本概念

PDF(Portable Document Format)文件就是"便携式文档文件"，是电子文档的一种标准。Adobe Reader 是 Adobe 公司推出的一个专门用来阅读 PDF 文件的阅读器。

Adobe Reader 具有以下特点。

(1) 可以查看和打印便携文档格式的文件，也就是 PDF 文件。

(2) 选择和复制 PDF 文档中的图像。

(3) 可以导览 PDF 文档。

(4) 能够联机创建 Adobe PDF 文件。

(5) 具有快速的运行和启动速度。

6.3.2 使用 Adobe Reader 阅读 PDF 文件

Adobe Reader 的主要功能就是阅读和浏览 PDF 文件。下面将介绍如何利用 Adobe Reader 阅读 PDF 文件。

(1) 选择"开始"|"所有程序"|Adobe Reader 8.0 命令，或双击桌面上的 Adobe Reader 8.0 快捷方式图标，启动 Adobe Reader 程序，其主界面如图 6-9 所示。

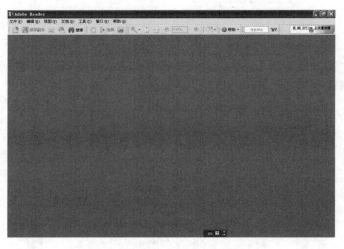

图 6-9　Adobe Reader 主界面

(2) 选择"文件"|"打开"命令，弹出如图 6-10 所示的"打开"对话框，然后选择需要打开的 PDF 文件，再单击"打开"按钮。

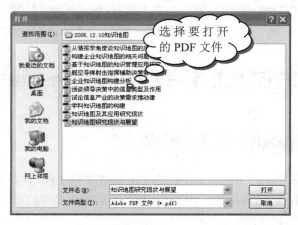

图 6-10　选择要打开的 PDF 文件

(3) 打开选择的 PDF 文件，Adobe Reader 的窗口如图 6-11 所示。

图 6-11　打开的 PDF 文件

(4) 单击窗口左侧的"页面"按钮，在右侧窗格中选择要查看的 PDF 文件的具体页面，如图 6-12 所示。

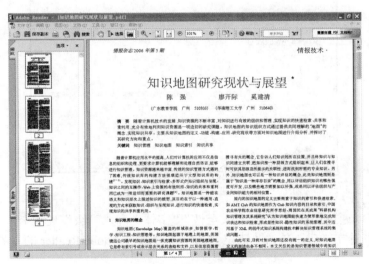

图 6-12　PDF 文件的所有页面

(5) 选择菜单栏中的"工具"|"基本工具"|"手形工具"命令，如图 6-13 所示。或者单击工具栏中的 图标，然后就可以拖动鼠标在右侧内容窗格中查看 PDF 文件的内容了。

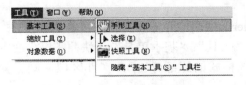

图 6-13　选择"手形工具"命令

此外，用户还可以单击工具栏上的按钮对 PDF 文件进行查看和浏览。例如单击■按钮，可以以"适合页面"方式显示 PDF 文件；单击■按钮，可以以"适合宽度"方式显示 PDF 文件；单击■按钮，可以缩小 PDF 文件；单击■按钮，可以放大 PDF 文件。

6.3.3 查看 PDF 文件信息

当需要快速了解打开的 PDF 文件的一些信息时，例如关键词、作者、是否可以打印等，Adobe Reader 就提供了这样一项功能，把阅读者从繁重的浏览任务中解脱出来。

(1) 启动 Adobe Reader，然后打开需要查看文件信息的 PDF 文件。

(2) 选择菜单栏中的"文件"|"文档属性"命令，弹出如图 6-14 所示的"文档属性"对话框。

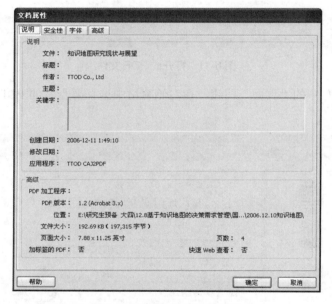

图 6-14　查看 PDF 文档属性

(3) 用户可以通过切换"说明""安全性""字体"和"高级"选项卡，查看 PDF 文件的各项信息。查看完毕后，单击"确定"按钮即可返回 Adobe Reader 的主界面。

6.3.4 选择和复制图像

使用快照工具可以将选择的图像或文本以图像的格式复制到剪贴板，下面就介绍其具体操作步骤。

(1) 启动 Adobe Reader，然后打开需要复制图像的 PDF 文件。

(2) 选择菜单栏中的"工具"|"基本工具"|"快照工具"命令，或者单击工具栏中的■按钮，选择要保存为图像格式的那部分 PDF 文件区域，则会弹出如图 6-15 所示的提示对话框。

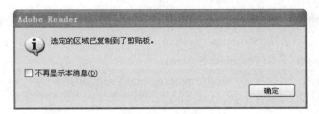

图 6-15　提示对话框

(3) 在桌面上右击，从弹出的快捷菜单中选择"新建"|"Microsoft Word 文档"命令，打开"新建 Microsoft Word 文档"窗口。在菜单栏中选择"编辑"|"粘贴"命令，这时会发现刚才选定的区域被粘贴到了 Word 文档中，如图 6-16 所示。

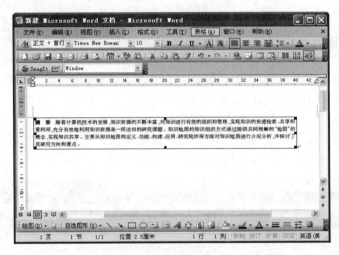

图 6-16　选定的区域复制到了 Word 文档中

6.4　电子书制作工具——IEbook

6.4.1　IEbook 电子书生成器的基本概念

IEbook 电子书生成器是一个傻瓜式电子相册、电子书、电子读物的快速制作工具。

IEbook 电子书生成器有以下特点。

◆　超强破解编译系统(Break Build)。

◆　自定义杂志(Size)。

◆　自定义全套皮肤更换技术(Change of Skin)。

◆　自定义杂志片头动画效果(Custom Animation Titles)。

◆　Web 在线发布、阅读技术(Read Online)。

◆　指定独立域名(Independent Domain)。

◆　书签涂鸦记录技术(Bookmark Graffiti)。

- ◆ 在线留言通信系统(Online Message and Communication System)。
- ◆ 在线杂志统计系统(Statistical System)。
- ◆ 智能组合模板技术(Template System)。
- ◆ 智能多线程预加载技术(Multithreading and Pre-load)。
- ◆ 智能混音技术(Smart Audio Mixing)。
- ◆ 视频嵌入技术(Video Assembled)。
- ◆ 三维虚拟技术(Virtual Reality 3D)。
- ◆ 视频虚拟技术(Virtual Reality Video)。
- ◆ 三维场景技术(3D Modelling Products)。
- ◆ 鼠标追踪技术(Mouse Pursue)。

6.4.2 使用 IEbook 电子书生成器制作电子书

阅读一本好的电子书，就好像在享受一场感官的盛宴，文字、美图、音乐的结合让我们叹为观止。下面介绍如何在 IEBook 电子书生成器中添加特效，从而制作出一本精美的电子书。

(1) 启动 IEbook 电子书生成器，选择要创建的项目，可以选择自定义 iebook 尺寸，也可以选择标准现有的尺寸，其界面如图 6-17 所示。

图 6-17　IEbook 电子书生成器界面

(2) 选择菜单栏中的"开始"|"添加页面"命令，弹出如图 6-18 所示的"页数对话框"

对话框。然后输入需要增加页面的数量，再单击"确定"按钮。

图 6-18　设置所增加页面的数量

(3) 在页面右上角可以看到有封面、版面、封底，新建的页面就是版面，如图 6-19 所示。

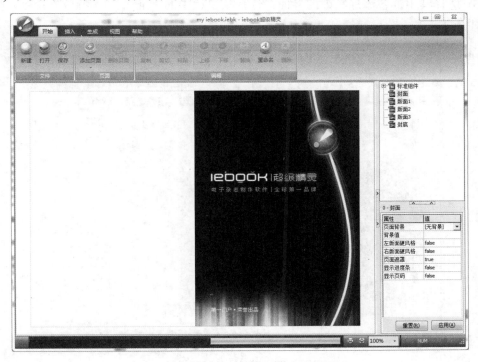

图 6-19　返回 IEbook 电子书生成器界面

(4) 选择其中一个版面，选择菜单栏中的"插入"|"图片"命令，选择要加入的图片，图片可以进行任意缩放，缩放到合适大小即可，界面如图 6-20 所示。

图 6-20　导入图片

(5) 选择其中准备添加特效的界面，选择菜单栏中的"插入"|"特效"命令，界面如图 6-21 所示。

图 6-21　准备添加特效界面

(6) 选中特效，用鼠标单击确定，如图 6-22 所示。然后单击想要添加的特效视图，就可以使当前的图片具有该视图的效果。

图 6-22　预览特效

(7) 单击要设置的图片，在顶部的"图片"选项卡中对图片的位置、透明度、旋转角度、图片特效和页面背景进行设置，如图 6-23 所示。

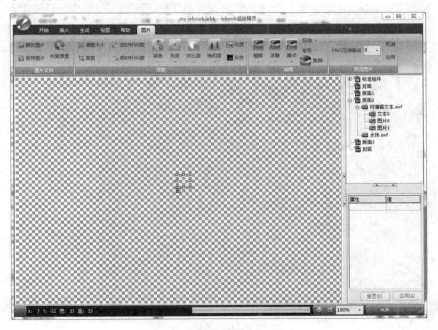

图 6-23　特效综合设置

(8) 选择菜单栏中的"插入"|"文本"命令,插入两段默认的文字(见图 6-24),单击"可编辑文本"前面的+号展开元素,双击"文本 0",弹出文字编辑框,对默认文字进行替换。

图 6-24　添加文字

(9) 这时,界面上会出现一个大的灰色文本框,用户可以在其中输入文字,如图 6-25 所示。

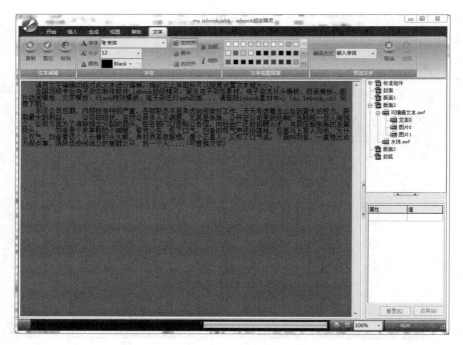

图 6-25　添加文字

(10) 双击文本，菜单上出现字体选项，如图 6-26 所示，对字体的颜色、旋转角度和文字特效等进行相应的设置。

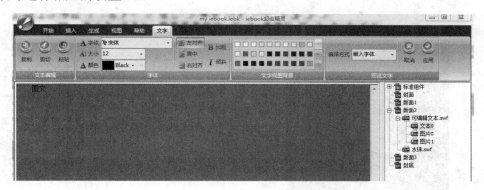

图 6-26　字体设置

(11) 选择菜单栏中的"插入"|"音乐"命令，如图 6-27 所示，选择要添加的音乐即可。

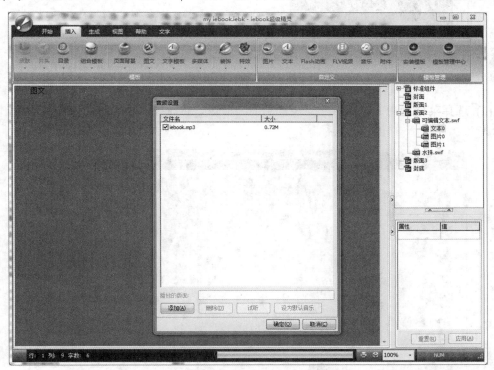

图 6-27　添加音乐

6.4.3　更改封底

(1) 启动 IEbook 电子书生成器，新建项目，在右上角出现封面、版本、封底项目，双击封底，其界面如图 6-28 所示。

图 6-28　默认的封底

(2) 选择菜单栏中的"插入"|"页面背景"命令，然后导入作为封面的图片，如图 6-29 所示。

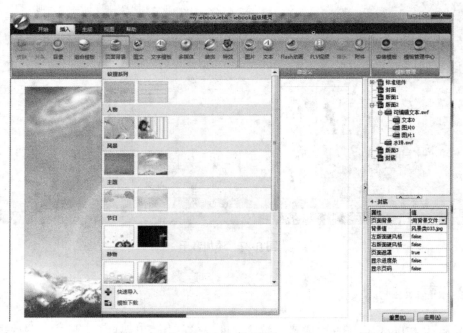

图 6-29　更改封底

(3) 封底转换成如图 6-30 所示的样式，更改封底成功。

图 6-30　更改封底成功

6.4.4　发布电子书

制作好电子书后，就可以把它发布到网站上和大家一起分享了。

(1) 启动 IEbook 电子书生成器，选择"生成"命令，出现如图 6-31 所示的窗口，我们在做的过程中，可以预览作品，做一步可以预览一步。

图 6-31　相册预览

(2) 单击"杂志设置"按钮，可以对杂志进行一些基本的设置，列如名称、播放设置、安全设置等，如图 6-32 所示。

图 6-32　杂志设置

(3) 单击"生成 EXE 杂志"按钮，会生成一个后缀为.exe 的文件，如图 6-33 所示。

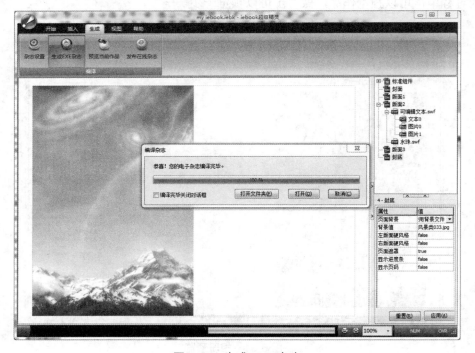

图 6-33　生成 EXE 杂志

6.5　回到工作场景

通过 6.2～6.4 节内容的学习，相信读者应该掌握了电子图书浏览和制作工具软件的使用方法，并足以完成 6.1 节工作场景中的任务。具体的实现过程如下。

【工作过程一】

(1) 选择"开始"|"所有程序"|"超星阅览器"|"超星阅览器"命令，或双击桌面上的"超星阅览器"快捷方式图标，启动超星阅览器程序，其主界面如图 6-34 所示。

图 6-34　超星阅览器主界面

(2) 在界面的左侧切换到"资源"选项卡，列表中有"本地图书馆""光盘"和"数字图书网"3 类，如图 6-35 所示。

(3) 单击"数字图书网"左侧的 ⊕ 按钮，或者双击"数字图书网"选项，然后进入其下级分类，如图 6-36 所示。

图 6-35　"资源"选项卡

图 6-36　选择"数字图书网"选项

(4) 在分类中找到"经济图书馆"选项,单击其左侧的⊕按钮,或者双击"经济图书馆"选项,将其展开,如图 6-37 所示。

图 6-37　展开"经济图书馆"选项

(5) 依次展开类别,找到需要的书目。例如,选择"中国旅游事业"类别,其所有的书目将在右侧窗格中显示,如图 6-38 所示。

图 6-38　选择"中国旅游事业"类别

(6) 双击要阅读的书籍,或者右击并在弹出的如图 6-39 所示的快捷菜单中选择"打开"命令。

(7) 打开如图 6-40 所示的窗口,用户可选择"阅览器阅读"或者"IE 阅读"方式。

(8) 单击"阅览器阅读"按钮,打开如图 6-41 所示的窗口,即可用超星图书阅览器阅读远程图书馆的书目。

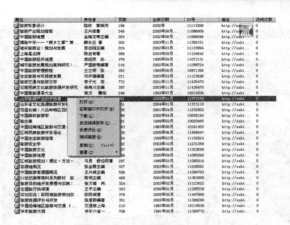

图 6-39　选择"打开"命令

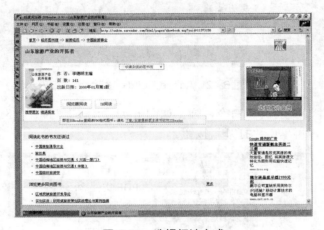

图 6-40　选择阅读方式

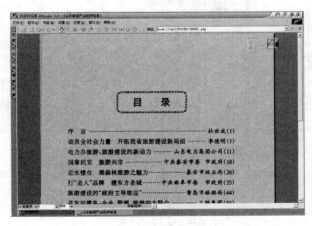

图 6-41　"阅览器阅读"方式

【工作过程二】

(1) 选择"开始"|"所有程序"|Adobe Reader 8.0 命令，或双击桌面上的 Adobe Reader 8.0 快捷方式图标，启动 Adobe Reader 程序，其主界面如图 6-42 所示。

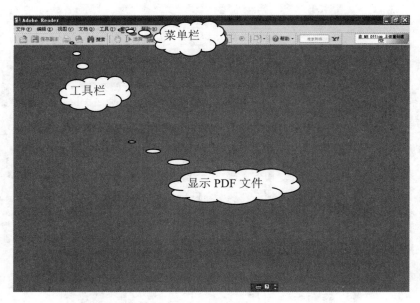

图 6-42　Adobe Reader 主界面

(2) 选择"文件"|"打开"命令，弹出如图 6-43 所示的"打开"对话框，然后选择需要打开的 PDF 文件，再单击"打开"按钮。

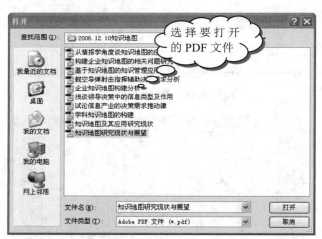

图 6-43　选择要打开的 PDF 文件

(3) 打开选择的 PDF 文件，Adobe Reader 的窗口如图 6-44 所示。

【工作过程三】

(1) 启动 IEbook 电子书生成器，选择要创建的项目，可以选择自定义 ibook 尺寸，也可以选择标准现有的尺寸，其界面如图 6-45 所示。

(2) 选择菜单栏中的"开始"|"添加页面"命令，弹出如图 6-46 所示的"页数对话框"对话框。然后输入需要增加页面的数量，再单击"确定"按钮。

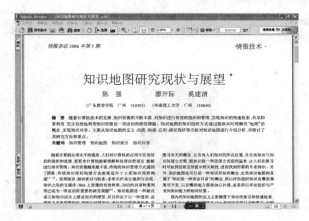

图 6-44 打开的 PDF 文件

图 6-45 IEbook 电子书生成器界面

图 6-46 增加页面的数量

(3) 在页面右上角可以看到有封面、版面、封底，新建的页面就是版面，如图 6-47 所示。

(4) 选择其中一个版面，选择菜单栏中的"插入"|"图片"命令，选择要加入的图片，图片可以进行任意缩放，缩放到合适大小即可，界面如图 6-48 所示。

(5) 选择其中准备添加特效的一页，选择菜单栏中的"插入"|"特效"命令，界面如图 6-49 所示。

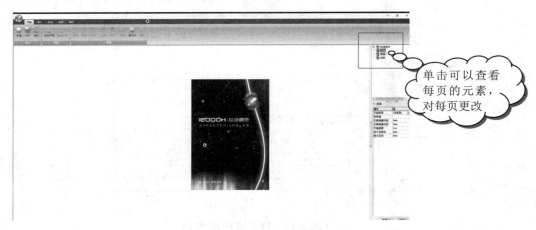

图 6-47　返回 IEbook 电子书生成器界面

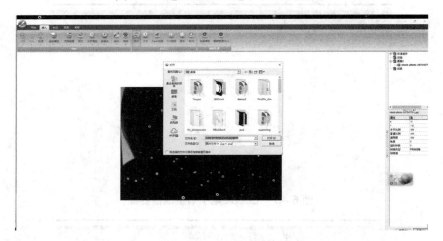

图 6-48　导入图片

图 6-49　准备添加特效界面

(6) 选中特效，用鼠标单击确定，如图 6-50 所示。然后单击想要添加的特效视图，就可以使当前的图片具有该视图的效果。

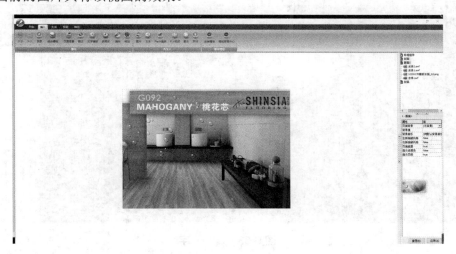

图 6-50　预览特效

(7) 单击要设置的图片，在"图片"选项卡中对图片的位置、透明度、旋转角度、图片特效和页面背景进行设置，如图 6-51 所示。

(8) 选择菜单栏中的"插入"|"文本"命令，单击"可编辑文本"前面的+号展开元素，双击"文本 0"，弹出文字编辑框，对默认文字进行替换，如图 6-52 所示。

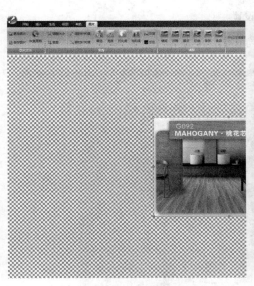

图 6-51　特效综合设置

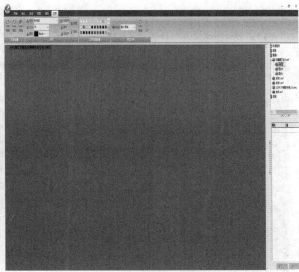

图 6-52　添加文字

(9) 这时，界面上会出现一个大的灰色文本框，用户可以在其中输入文字，如图 6-53 所示。

(10) 双击文本，菜单上出现字体选项，如图 6-54 所示，对字体的颜色、旋转角度和文字特效等进行相应的设置。

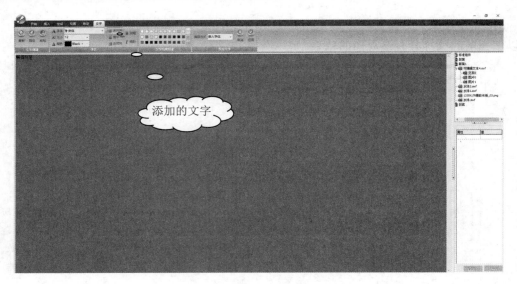

图 6-53　添加文字

图 6-54　字体设置

(11) 选择菜单栏中的"插入"|"音乐"命令，如图 6-55 所示，选择要添加的音乐即可。

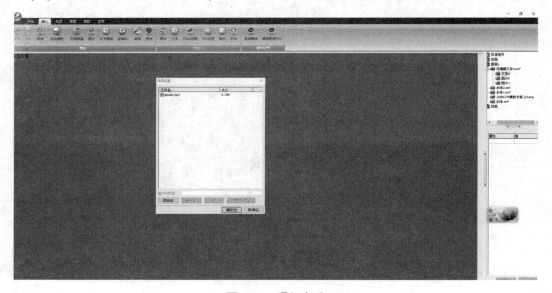

图 6-55　添加音乐

6.6　工作实训营

6.6.1　训练实例

1．训练内容

使用快照工具可以将选择的图像或文本以图像的格式复制到剪贴板上。

2．训练目的

熟练使用 Adobe Reader 快照工具进行复制、粘贴。

3．训练过程

具体实现步骤如下。

(1) 启动 Adobe Reader，然后打开需要复制图像的 PDF 文件。

(2) 选择菜单栏中的"工具"|"基本工具"|"快照工具"命令，或者单击工具栏中的 按钮，选择要保存为图像格式的那部分 PDF 文件区域，则会弹出如图 6-56 所示的提示对话框。

图 6-56　提示对话框

(3) 在桌面上右击，从弹出的快捷菜单中选择"新建"|"Microsoft Word 文档"命令，打开"新建 Microsoft Word 文档"窗口。在菜单栏中选择"编辑"|"粘贴"命令，这时会发现刚才选定的区域被复制到了 Word 文档中，如图 6-57 所示。

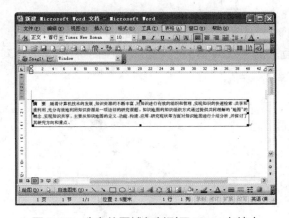

图 6-57　选定的区域复制到了 Word 文档中

6.6.2 工作实践常见问题解析

【问题 1】哪些软件可以将 PDF 文件转换为 Word 文件?

【答】可以用 PDF 转换器软件。PDF 转换器可以方便地将各种流行的文件格式(如 Word、Excel、TXT 等)转换成 PDF 文件,也可以将 PDF 文件转换为各种流行文件格式。

【问题 2】怎样查看 PDF 的关键词、作者以及是否可以打印?

【答】可以利用 Adobe Reader 中的"文件"|"文档属性"命令查看 PDF 文件的一些信息。

【问题 3】如何复制和选择 PDF 中的图像?

【答】可以利用 Adobe Reader 快照工具将选择的图像或文本以图像的格式复制到剪贴板上。

【问题 5】如何和他人分享电子书?

【答】预览或者查看的时候,生成的 EXE 文件可以直接发给好友。

小 结

本章主要介绍了一些常用的电子图书浏览和制作工具软件:超星图书浏览工具、PDF 阅读工具、电子文档制作工具、电子书制作工具等。通过本章的学习,读者能够熟练利用超星图书阅览器、Adobe Reader 阅读 PDF 文件等,学会使用 Adobe Reader 查看 PDF 文件信息、选择和复制图像,能够灵活运用 IEbook 电子书生成器制作电子书并更改封底、发布电子书,并可以解决使用电子书的一些常见问题。

习 题

1. 在 PDF 文件中选择一个图片,运用快照工具将其复制到 Word 文档中。
2. 选择 PDF 文件中的文字,将其保存到记事本中。
3. 利用超星图书阅览器打开远程图书馆中的书目。
4. 利用 IEbook 电子杂志生成器制作个性化的电子相册并上传到网站上。

第 7 章

语音转录及翻译工具软件

 本章要点

- 使用讯飞听见平台将语音转换为文字
- 使用讯飞听见平台将外文语种转换成中文
- 使用有道词典在网页中屏幕取词
- 使用有道词典翻译整体网页

技能目标

- 掌握提取音频中文字的方法
- 掌握英语翻译成中文的方法
- 掌握词典工具查询单词的方法
- 掌握网页中英文翻译的方法

7.1 工作场景导入

【工作场景】

随着科技的发展，使互联网的应用越来越广泛，各种语言的网页也越来越多，并且经常会出现英语的网页，遇到不认识的单词和句子怎么办？小王是个新闻工作者，采访过程中，录制了大量的采访语音，这些语音如何快速地整理成文字稿呢？如果采访外国人，能否快速地把外文录音翻译成中文呢？小王作为记者，每天了解国内外的一手新闻资讯是工作的必要环节，可是小王浏览英文网页的过程中常常会遇到不认识的单词，如何查询这些单词的含义，以及如何能直接翻译整页网页？

【引导问题】

(1) 如何将录音转换成文字？

(2) 如何快速查询英文单词？

(3) 如何使用有道词典翻译单词和整个网页？

7.2 语音转写及翻译——讯飞听见

讯飞听见是由科大讯飞公司推出的一个语音识别及翻译平台。依托科大讯飞的核心语音技术，机器处理快速、高效、准确，准确率最高可达95%。转换翻译的内容可用于授课演讲、媒体采访、办公会议、视频字幕等场景下的录音整理。同时，平台具有高度的信息安全管理体系，录音转文件、文本翻译全程加密处理，可以极大程度地保证用户信息安全。

讯飞听见分为网页版、PC版、移动版，是一套完整的全栈式语音转录和多语种翻译的解决方案。日常工作情况下，使用机器转换和翻译已经可以满足大部分工作需求，即便稍有偏差，也可以快速地找出错误，从而大大减少了相关的工作量。

除了快速的机器翻译之外，平台还提供了人工操作。人工转换与机器翻译相比，虽然在费用和时间上略有增加，但是准确度可达到99%。对于准确度要求高的工作场景，人工转换也是一种不错的选择。

7.2.1 讯飞听见的使用

由于讯飞听见在多平台皆可使用，这里介绍一种最为简单的使用方法。

(1) 访问 https://www.iflyrec.com/，即可打开讯飞听见平台。

(2) 登录后，在页面右上角单击"注册"按钮。

(3) 注册前，需要先阅读并同意"讯飞听见用户使用协议和隐私政策"才能继续。

(4) 接着输入手机号码并进行短信验证。

...

（5）验证通过后，设置密码，完成注册。

（6）以后再需要登录，只需要输入手机号和密码即可登录。

7.2.2　语音转文字

讯飞听见平台界面如图 7-1 所示。

图 7-1　讯飞听见平台的界面

语音转文字有机器和人工两种转换方式，可以将音频转换成文字，并以各种格式输出。同时在外部设备辅助支持下，可以实现实时转换。下面以中文机器快转为例，介绍使用方法。

（1）单击首页语音转文字功能中的机器快转下的"上传音频"按钮，或者单击菜单中语音转文字中的中文机器快转按钮，打开转换功能页面，如图 7-2 所示。

（2）单击"单击选择文件上传"链接，选择需要转换成文字的音频或者视频文件。

（3）在右侧菜单选择中文或者英文进行转换。

（4）选择出稿类型，可以是文字稿也可以是字幕文件。

（5）为了准确度，可以选择内容的专业领域。

（6）确认并提交订单后，根据上传的音频时间长度，机器转换费用为 0.33 元/分钟，人工精转费用为 80 元/小时，支付转换费用后等待完成。

（7）可以在转写订单中，查看订单进度，如图 7-3 所示。

（8）根据内容长短不同，等待一定时间后，即可查看转换完成的文档并下载结果。

图 7-2　上传音频界面

图 7-3　转写订单界面

7.2.3　多语种翻译

多语种翻译有机器和人工两种翻译方式，支持外语文档和中文文档互相翻译转换。人工翻译适用于翻译专业领域的文章。下面以机器翻译为例，介绍使用方法。

(1) 单击首页多语种翻译功能中的机器翻译下的上传文档按钮，或者单击多语种翻译菜单中的机器翻译按钮，打开翻译界面，如图 7-4 所示。

图 7-4 机器翻译界面

(2) 选择需要翻译的文件进行上传，一般为 doc 或者 docx 文件。

(3) 根据实际情况，选择翻译的语种，单击"翻译"按钮。

(4) 稍等片刻，右侧即出现翻译结果。同时，可以下载翻译后的文档，如图 7-5 所示。

图 7-5 机器翻译结果

(5) 机器翻译是完全免费的，而人工翻译准确度更高，但是需要收取一定费用。

7.3 电子词典——有道词典

"有道词典"是网易公司旗下推出的一款专业词典，完整收录《朗文当代高级英语辞典》等多部权威词典，词库大而全，查词快又准，同时基于有道词典独创的"网络释义"功能，轻松囊括互联网上的最新流行词汇。"有道词典"集成中、英、日、韩、法多语种专业词典，可以快速切换语言环境，翻译所需内容。

"有道词典"同时有网页版、PC版、移动版，所有版本均免费安装使用。使用"有道词典"可以在不同设备上随时轻松地针对不同语种的文字和词汇进行转换和翻译。

7.3.1 下载并安装有道词典

(1) 这里我们以安装PC客户端为例。访问 http://www.youdao.com/网站，单击下载词典客户端按钮。

(2) 下载完成后，双击打开下载的程序进行安装。

(3) 安装前，可以阅读"网易有道词典服务条款"。

(4) 单击快速安装，即可完成安装，也可根据不同需要，选择自定义安装内容。

(5) 软件安装完成后，勾选"运行有道词典"复选框，单击"完成"按钮，即可打开有道词典！

7.3.2 有道词典的使用

打开有道词典后，界面如图7-6所示。

图7-6　有道词典界面

其主要功能介绍如下。

◆ 　词典：查询需要翻译的中英文单词、文档。

◆ 　翻译：输入需要翻译的文字或者网址，进行翻译。

◆ 　单词本：记录曾经翻译过的单词，快速查找。

◆ 　文档翻译：翻译整体文档，支持 pdf、doc、docx 文档。

◆ 　取词：开启屏幕取词，鼠标指向文字内容，立即翻译。

◆ 　划词：开启划词翻译，用鼠标选中内容后进行翻译。

7.3.3　查英文单词

　　查英文单词的方法很简单，只要在词典窗口中输入需要查询的英文单词、词组或缩写，就会显示该单词相应的词义，同时也会联想出可能查询的其他相关词汇。对于查询的单词，会显示相关的扩展信息，包括网络释义、专业释义、英英释义等。

　　例如，要想知道 PC 表示什么意思，就可以按以上方法操作，其显示如图 7-7 所示。不仅显示了 PC 单词本身表示的意思，还有其扩展的相关词汇、组合和释义等内容。

图 7-7　有道词典查英文单词

在输入一个英文单词后，还会显示一个发音图标，单击该图标，能进行单词朗读。

7.3.4　查汉字或中文词语

　　与查英文单词的方法一样，只要在词典窗口中输入需要查询的汉字或中文词组，就会显示相应的词义，并且会显示其在简明词典、新汉英词典、现代汉语词典中的相关翻译和解释。如输入"计算机"，则显示 calculating machine、calculator、computer、counting machine 几项，单击其中一项，又会显示英文相应的中文解释。

如果输入"计算机"后按 Enter 键或单击"查询"按钮，然后选择"现代汉语词典"，则会显示有关计算机的拼音和中文解释："能进行数学运算的机器。有的用机械装置制成，如手摇计算机；有的用电子元件制成，如电子计算机。"

7.3.5 模糊查询

模糊查询使用通配符*和?。*可以代替零到多个字母或汉字，?仅代表一个字母或汉字。当用户忘记一个单词中的某个字母时，可以用?来代替该字母进行查询，此时索引栏会列出所有符合条件的单词。

如输入 r?ce，就会在左窗格中列出 race、rice 等，然后可以在其中找出真正需要的单词，如图 7-8 所示。

图 7-7 模糊查询

7.3.6 设置屏幕取词

使用屏幕取词功能可以翻译屏幕上任意位置的中/英文单词或词组，即进行中英文互译。它实现了即指即译，也就是将鼠标移至需要查询的中英文单词上，将即时显示一个浮动的小窗口，如图 7-8 所示。

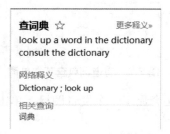

图 7-8 屏幕取词翻译

其中列出了所查词组"查词典"对应的英文单词或词组。如果单击其中的"更多释义"，可以立即在有道词典中查询详细信息。如果是在英文单词上取词，将显示其音标、释义等多项有用的内容，可帮助用户快速学习、理解该单词。单击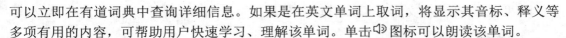图标可以朗读该单词。

设置屏幕取词的方法是：在如图 7-6 所示窗口中，勾选"取词"复选框即可。

划词翻译功能与屏幕取词翻译类似，但是是对鼠标选中词汇进行翻译，这里就不再进行赘述和演示了。

7.3.7 利用用户词典添加新词

用户可以将有道词库中没有收录的中英文单词添加到用户单词本中，在添加并保存用户单词本后，有道词典将可以解释被添加的词。用户也可通过登录有道词典账户来同步用户单词本。例如 Kaspersky Anti-Virus System 的中文含义是"卡巴斯基防病毒系统"，将其添加到用户词典，并能在窗口中显示的方法如下。

(1) 在图 7-6 所示的窗口中单击"单词本"功能。在单词本功能上方菜单中，单击 ✿ 按钮。在下拉菜单中选择"添加单词"命令，打开"添加单词"对话框，在"单词"处输入"Kaspersky Anti-Virus System"，在"释义"处输入"卡巴斯基防病毒系统"。单击"确定"按钮，即可添加成功。

(2) 如图 7-9 所示，在单词本窗口中，可以看见添加的单词。

图 7-9 单词本窗口

 ## 7.4 回到工作场景

通过 7.2～7.3 节内容的学习，读者应该掌握了语音转录及翻译工具软件的使用方法，并足以完成 7.1 节工作场景中的任务。具体实现过程如下。

【工作过程一】

如果需要将一段录制的音频转换成对应的文字，只需要打开讯飞听见平台，选择语音转文字功能，单击上传音频。在弹出的网页中，选择录制的音频文件，简单设置缴费后，即可等待转换完成。如果对精度要求很高，可以选择人工精确转换。

如果录音内容是英文，也可以选择英文转换。

【工作过程二】

查英文单词的方法很简单，只要在有道词典的词典窗口中，输入相应的英文单词、词组或缩写，这时输入框中就会有索引显示和相应的词义。

如果要查该词的具体内容，可以再单击"查询"按钮，或直接按 Enter 键，下方就会显示完整信息。

例如，要想知道 DIY 表示什么意思，就可以按以上方法操作，其显示如图 7-10 所示。从结果中，可以查询单词来自各个词典的解释。

当输入一个英文单词后，右侧窗格中将显示该单词的中文解释、音标，还有一个发音图标，单击该图标，能进行单词朗读。

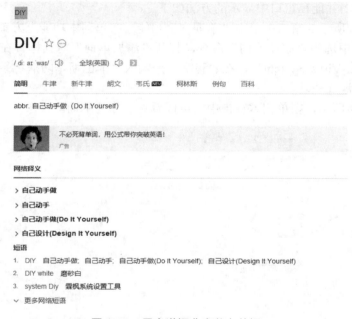

图 7-10   用有道词典查英文单词

【工作过程三】

如果对网站上的英文感到费解的时候，通过以下方法，有道词典可以很快地帮您解决这个难题。

若是对部分单词、词组翻译，可以使用取词翻译或者划词翻译功能。只需要将鼠标静置在需要翻译的内容上，稍等片刻即可显示对应解释。

如果整个网页内容都需要翻译，在有道词典翻译功能中，输入需要翻译的网页的地址，单击"翻译"选项，可以打开翻译完成的网页。

7.5　工作实训营

7.5.1　训练实例

1．训练内容

使用有道词典练习翻译英文单词以及英文单词的模糊查找操作。

2．训练目的

熟练掌握有道词典的查词功能。

3．训练过程

具体实现步骤如下。

(1) 查英文单词的方法很简单，只要在有道词典的词典窗口中输入相应的英文单词、词组或缩写，这时输入框中就会有索引显示和相应的词义。

如果要查该词的具体内容，可以再单击"查询"按钮，或直接按 Enter 键，下方就会显示完整信息。

(2) 模糊查询使用通配符*和?。*可以代替零到多个字母或汉字，?仅代表一个字母或汉字。当用户忘记一个单词中的某个字母时，可以用?来代替该字母进行查询，此时索引栏会列出所有符合条件的单词。

4．技术要点

掌握模糊查词对应的替代通配符，可以在模糊查找时使用。

7.5.2　工作实践常见问题解析

【问题 1】如何将音频中的内容，转录成对应的文字？

【答】可以使用讯飞听见平台的语音转文字功能，等待系统自动转换成文字。如果对精度要求较高，可以使用人工精转。

【问题 2】如何翻译英文文章？

【答】可以使用讯飞听见平台，上传文档。也可以在有道词典中，单击翻译菜单，实现英译汉。

【问题 3】在对网站上的英文感到费解时，如何进行网页翻译？

【答】有道词典可以对网页进行整体翻译，只需要在有道词典的翻译功能中，输入需要翻译的网页地址，即可对网页整体进行翻译。

【问题 4】如何进行模糊查词？

【答】可以使用有道词典通配符*和?。*可以代替零到多个字母或汉字，?仅代表一个字母或汉字。

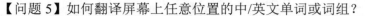

【问题 5】如何翻译屏幕上任意位置的中/英文单词或词组？

【答】可以使用有道词典，在菜单中勾选"取词"复选框，打开屏幕取词，指向需要翻译的内容即可自动翻译。

 小 结

本章主要介绍了一些常用的语音转录和翻译工具软件：讯飞听见、有道词典。通过本章的学习，读者可以熟练使用有道词典翻译网页和文章，灵活使用有道词典查词和在网页中屏幕取词。

 习 题

1. 使用讯飞听见转录音频或者视频，将其中的声音转录成文字。
2. 使用有道词典翻译英文文章及英文网页。
3. 使用有道词典查找中英文单词。
4. 在有道词典中添加词库中没有收录的中英文单词。

第 8 章

图像处理工具软件

本章要点

- ACDSee 的常用操作
- 美图秀秀的美化图片、人像美容、拼图操作
- HyperSnap 截图软件的常用操作
- 用艾奇视频电子相册制作软件制作电子相册的操作

技能目标

- 能够熟练处理图片
- 能够熟练制作个性化的电子相册

8.1　工作场景导入

【工作场景】

小张看到自己微信朋友圈中其他朋友发布的动态图文并茂，照片也特别让人赏心悦目，小张也想将最近去云南游玩的照片稍做处理，然后将游玩心得和照片通过朋友圈与朋友分享，并将拍摄的照片制作成电子相册与家人分享。

【引导问题】

(1) 如何处理心仪的图片？

(2) 如何制作个性化的电子相册？

 8.2　图像浏览工具——ACDSee

随着多媒体技术的发展，计算机能处理的事情越来越多，而收集和浏览各种精美的图片也成了很多人的爱好。在计算机中浏览图片的工具很多，ACD Systems 公司推出的软件 ACDSee 就是一个专业的图像浏览软件，它的功能强大，几乎支持目前所有的图像文件格式，是目前最流行的图像浏览工具。

ACDSee 能广泛地应用于图片的获取、管理、浏览和优化。它具有以下特点。

(1) 支持 JPG、BMP、GIF、CRW、RAW 和 ICO 等多种多媒体格式文件。

(2) 支持音频、视频文件播放，提供视频帧单独保存功能。

(3) 支持全屏、窗口、区域和菜单等多种截图模式。

(4) 拥有减少红眼、裁剪、锐化、彩色化等多种工具，方便增强图像效果。

(5) 具有相册功能，能快速实现图像的组织与管理。

(6) 以缩略图方式显示图像文件。

(7) 安装了 USB 设备，可以直接从数码相机和扫描仪中获取图像。

8.2.1　使用 ACDSee 浏览图片

(1) 选择"开始"|"所有程序"|ACD Systems|"ACDSee 官方免费版"命令，或者双击桌面上的 ACDSee 官方免费版的快捷方式图标，启动 ACDSee 程序，如图 8-1 所示。

(2) 在左侧窗格中的"文件夹"列表中选择包含图片的文件夹并单击，进入如图 8-2 所示的界面。

(3) 如果要仔细浏览某张图片，在文件列表中双击该文件，就可以打开界面，单独显示该图片，如图 8-3 所示。

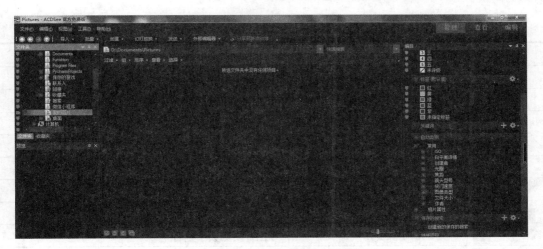

图 8-1 ACDSee 官方免费版主界面

图 8-2 选择图片

图 8-3 浏览图片

ACDSee 浏览图片界面常用的按钮及其作用如表 8-1 所示。

表 8-1　ACDSee 界面常用按钮

按　钮	名　称	作　用
	向左旋转	将图片逆时针旋转
	向右旋转	将图片顺时针旋转
	滚动工具	拖曳图片以进行查看
	选择工具	选取图片局部进行操作的工具
	缩放工具	左击图片放大/右击图片缩小
	全屏工具	将图片以全屏方式查看
- ━━━ + 35% ▼	自定义缩放工具	将图片以自定义大小查看
1:1	实际大小	以图片实际大小查看
	适合图像	以图片适合大小查看

如果用户要返回文件夹的浏览界面，可双击图片，或者按 Enter 键，也可以单击图片浏览窗口中的▨按钮。

8.2.2　使用 ACDSee 转换图片格式

(1) 打开 ACDSee 官方免费版，在左侧窗格的"文件夹"列表中选择要进行格式转换的图片所在的文件夹，在中间栏内选择要转换格式的图片。

(2) 选择"工具"|"批量"|"转换文件格式"命令，将弹出"批量转换文件格式"对话框，如图 8-4 所示。

(3) 切换到"格式"选项卡，选择要转换为的格式，单击"下一步"按钮。还可以通过"格式设置"或"向量设置"按钮对所选格式进行更加细致的设置。

(4) 进入如图 8-5 所示的"设置输出选项"界面，在其中设置转换后的文件的保存位置以及是否删除原始文件、是否保留数据库信息等，再单击"下一步"按钮。

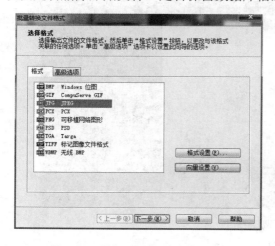

图 8-4　"批量转换文件格式"对话框

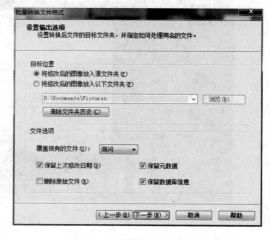

图 8-5　"设置输出选项"界面

(5) 进入如图 8-6 所示的"设置多页选项"界面，设置多页图像的输入与输出选项，然后单击"开始转换"按钮。

(6) 进入如图 8-7 所示的界面，转换完成后单击"完成"按钮，图片的格式转换成功。

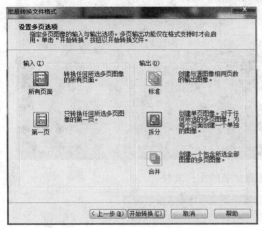

图 8-6　设置多页选项

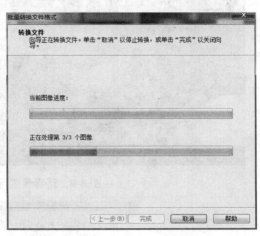

图 8-7　转换文件

8.2.3　使用 ACDSee 批量重命名图片文件

(1) 打开 ACDSee 官方免费版软件，然后在左侧窗格的"文件夹"列表中选择要进行批量重命名的文件所在的文件夹，如图 8-8 所示。

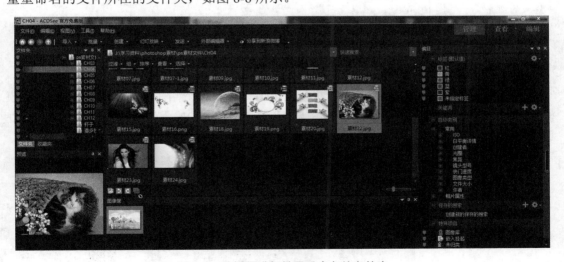

图 8-8　选择要进行批量重命名的文件夹

(2) 在图片显示区域中选择要进行批量重命名的图片文件，如图 8-9 所示。

(3) 在菜单栏中选择"工具"|"批量"|"重命名"命令，将弹出如图 8-10 所示的"批量重命名"对话框。

图 8-9　选择要进行批量重命名的图片文件

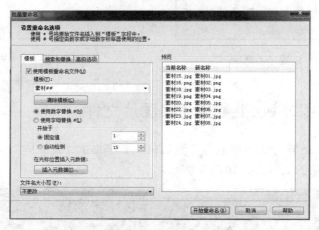

图 8-10　"批量重命名"对话框

(4) 在"批量重命名"对话框的"模板"选项卡下单击"清除模板"按钮，而后在"模板"下拉列表框中输入 SUCAI ##，其中#代表变量，在"开始于"选项组中选择固定值并输入 1，即从 1 开始编号，此时就可以在右侧预览框中看到效果了，如图 8-11 所示。

图 8-11　设置批量重命名

(5) 单击"开始重命名"按钮，ACDSee 将对所有选中的图片文件进行批量重命名。

(6) 弹出如图 8-12 所示的"正在重命名"对话框，单击"完成"按钮即可完成图片的批量重命名。

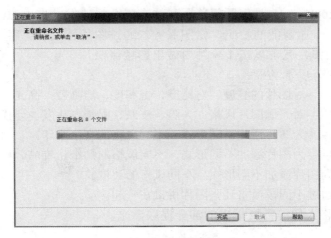

图 8-12　重命名文件

(7) 返回 ACDSee 浏览器窗口，此时可以发现选中的图片文件的名称被修改了，如图 8-13 所示。

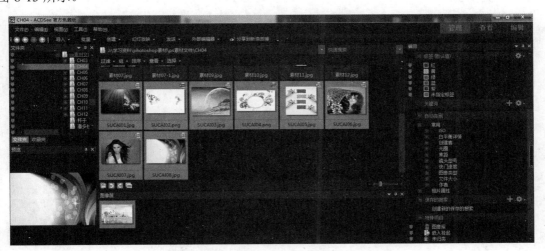

图 8-13　图片文件已被重命名

 8.3　图像美化工具——美图秀秀

图像美化又称影像处理，是用计算机对图像进行分析，以达到所需效果的技术。图像处理技术的主要内容包括图像压缩，增强和复原，匹配、描述和识别 3 个部分。常见的处理有图像数字化、图像编码、图像增强、图像复原、图像分割和图像分析等，综合称为图像美化。

8.3.1　美图秀秀简介

美图秀秀是 2008 年 10 月由厦门美图科技有限公司研发、推出的一款免费的图片处理软件，能够提供专业智能的拍照、修图服务，通过图片特效、美容、拼图、场景、边框、饰品等简单操作，就可以在 1 分钟内做出影楼级照片。

美图秀秀主要有以下功能。

(1) 图片美化——对图片的亮度、对比度、饱和度、清晰度、高光、色相等进行美化。

(2) 人像美容——对人像图片风格、人脸、皮肤、眼睛、头发、牙齿等进行美化。

(3) 文字水印——为图片添加不同形式、不同风格的文字水印。

(4) 贴纸饰品——为图片添加不同形式、不同风格的贴纸、饰品。

(5) 边框——为图片添加不同形式、不同风格的边框。

(6) 拼图——通过不同模板将几张图片拼接在一起。

(7) 抠图——将人像等需要抠出的部分提取出来。

8.3.2　美图秀秀常用操作

1. 美化图片

(1) 运行美图秀秀，单击主页上的"美化图片"按钮，进入美化图片界面，如图 8-14 所示。

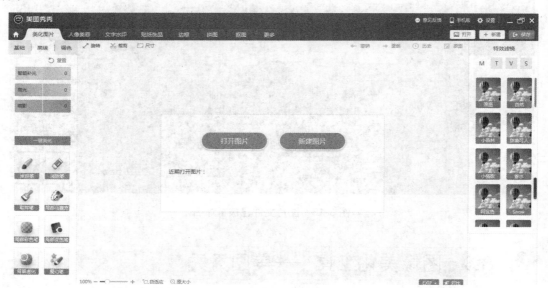

图 8-14　美化图片界面

(2) 单击"打开图片"按钮，找到图片所在文件夹并双击，打开图片，如图 8-15 所示。

(3) 单击左侧面板上的"一键美化"按钮，将自动对图片进行美化，如图 8-16 所示。也可单击右侧面板上特效滤镜下的不同滤镜风格，将图片美化成不同风格的图片，如图 8-17

所示。

图 8-15 打开图片后的界面

图 8-16 一键美化后的界面

(4) 美化完成后，单击右上角的"保存"按钮，进入"保存与分享"界面，如图 8-18 所示，保存路径建议选择"桌面"或"自定义"，文件名与格式按照所需填入，画质调整中画质百分比建议设置为 100%，单击"保存"按钮保存美化完成的图片。

2．人像美容

(1) 运行美图秀秀，单击主页上的"人像美容"按钮，进入人像美容界面，如图 8-19 所示。单击"打开图片"按钮，找到人像所在文件夹并双击，打开图片。

图 8-17　单击"香水"特效滤镜后的界面

图 8-18　"保存与分享"界面

(2) 单击左侧面板"美型"选项下面的"瘦脸"按钮,按住鼠标左键拖动鼠标进行瘦脸操作,如图 8-20 所示。通过不断调整,达到所需的效果,如图 8-21 所示。而后单击"应用当前效果"按钮保存并退出当前界面。

(3) 单击左侧面板"美肤"选项下面的"祛痘祛斑"按钮,进入祛痘祛斑界面,如图 8-22所示。单击"一键祛痘"按钮,去除皮肤上的痘印和斑印。也可直接单击痘斑区域,去除痘斑,如图 8-23 所示。而后单击"应用当前效果"按钮保存并退出当前界面。

(4) 单击左侧面板"美肤"选项下面的"皮肤美白"按钮,进入皮肤美白界面,如图 8-24所示。通过调整左侧"美白力度"滑块和"肤色"冷暖滑块到合适位置,如图 8-25 所示,达到皮肤美白效果,如图 8-26 所示。人像美容完成后单击右上角的"保存"按钮,按所需完成人像美容图片的保存。

图 8-19　人像美容界面

图 8-20　瘦脸操作界面

图 8-21　瘦脸前后对比

图 8-22　祛痘祛斑界面

图 8-23　祛痘祛斑前后对比

图 8-24　皮肤美白界面

图 8-25　皮肤美白调整后的效果

图 8-26　皮肤美白前后对比

3．拼图

(1) 运行美图秀秀，单击主页上的"拼图"按钮，进入拼图界面，如图 8-27 所示。然后单击"打开图片"按钮，找到图片所在文件夹并双击，打开图片。

(2) 左侧面板有 4 种不同类型的图片拼接方式，单击其中一种拼接方式，如"海报拼图"，进入海报拼图界面，如图 8-28 所示。单击左侧面板中的"添加多张图片"按钮，选择需要添加的图片。

(3) 单击其中一张图片，拖动至模板框中合适位置，而后单击其中需要微调的图片，弹出"图片设置"对话框，如图 8-29 所示，调节合适的图片大小及旋转角度，单击"确定"按钮完成拼图制作，如图 8-30 所示。拼图完成后单击右上角的"保存"按钮，按所需完成拼图图片的保存。

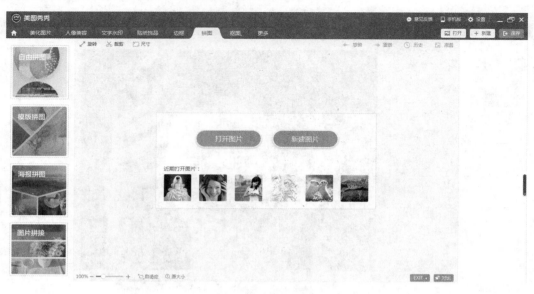

图 8-27　拼图主界面

图 8-28　海报拼图界面

图 8-29　"图片设置"对话框

图 8-30　完成拼图制作

 ## 8.4　屏幕截图工具——HyperSnap

截图是由计算机截取能显示在屏幕或其他显示设备上的可视图像。通常截图可以用操作系统或专用截图软件截取，也可用外部设备如数字相机拍摄。

截图分静态截图与动态截图，静态截图得到一个位图文件，如 BMP、PNG、JPEG。动态截图得到一段视频文件。

截图通常是为了展示特定状态下的程序界面图标，游戏场景等。

8.4.1　HyperSnap 简介

HyperSnap 具有超强捕捉屏幕、截图功能，强大的图像编辑功能以及定时抓图功能，是一款老牌优秀的屏幕截图工具。

HyperSnap 的主要特点如下。

(1) 能够截取标准桌面程序、DirectX、3Dfx Glide 游戏和视频、DVD 屏幕图片。

(2) 能够截取任意区域、窗口、按钮等。

(3) 提供多种方式截图，可以用非矩形窗口截图，可以自由定义截图区域的形状大小，如椭圆形、圆形或徒手圈出截图区域的形状和大小并将图像做出更多效果。

(4) 通过软件提供的图像编辑处理功能，还可以实现剪裁、调整大小、旋转等操作。

(5) 能以 20 多种图形格式(包括 BMP、GIF、JPEG、TIFF、PCX 等)保存并支持图像格式转换。

8.4.2 HyperSnap 常用操作

1. 区域截图

(1) 运行 HyperSnap 8.16.01 版程序，界面如图 8-31 所示。

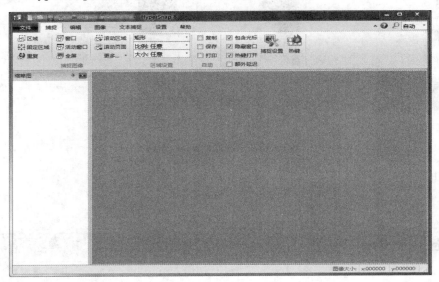

图 8-31 HyperSnap 8.16.01 版主界面

(2) 打开需要截图的程序，例如需要对美图秀秀主界面进行区域截图，打开"美图秀秀"，同时按下 Ctrl、Shift、R 三个键，或者切换回 HyperSnap 程序，选择"捕捉"|"区域"命令，此时光标会变成一个可移动的十字交叉点，如图 8-32 所示。

图 8-32 区域截图开始界面

(3) 确定需要截取区域的左上角，单击鼠标左键，区域截屏开始，而后移动鼠标，确定截取区域的右下角，单击鼠标左键，区域截屏结束，此时自动切换回 HyperSnap 界面，如图 8-33 所示。

图 8-33　区域截图完成界面

(4) 在左侧缩略图对应的图片上右击，选择"保存"命令，即可保存截取的程序界面。

2. 窗口截图

(1) 运行 HyperSnap 8.16.01 版程序，打开需要截图的程序，例如需要对 ACDSee 官方免费版中间窗口进行窗口截图。打开"ACDSee 官方免费版"，同时按下 Ctrl、Shift、W 三个键，或者切换回 HyperSnap 程序，选择"捕捉"|"窗口"命令，此时光标所指的区域将被一个闪动的亮框包围，如图 8-34 所示。

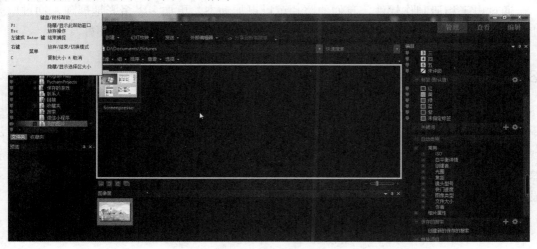

图 8-34　窗口截图开始界面

(2) 移动鼠标到需要截取的窗口并单击，窗口截屏结束，此时自动切换回 HyperSnap 界面，如图 8-35 所示。

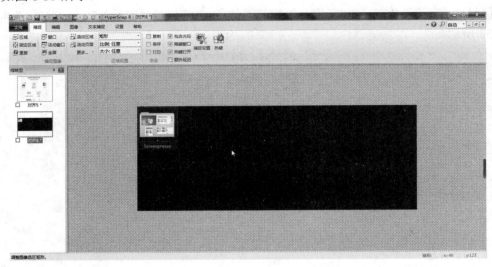

图 8-35　窗口截图结束界面

(3) 在左侧缩略图对应的图片上右击，选择"保存"命令，即可保存截取的窗口界面。

 ## 8.5　电子相册——艾奇视频电子相册制作软件

电子相册是指可以在电脑上观赏的区别于 CD/VCD 的静止图片的特殊文档，其内容不局限于摄影照片，也可以包括各种艺术创作图片。电子相册具有传统相册无法比拟的优越性：图、文、声、像并茂的表现手法，随意修改编辑的功能，快速的检索方式，永不褪色的恒久保存特性，以及制作廉价、容易复制分发的优越相册展示形式。

通过电子相册制作软件，我们的照片可以更加动态、更加多姿多彩地展现，通过电子相册制作软件的打包，相片可以更方便、更优美地以一个整体分享给亲朋好友。

8.5.1　艾奇视频电子相册制作软件简介

艾奇视频电子相册制作软件是一款可以为照片配上音乐和添加炫酷的过渡效果，轻松制作成各种视频格式的电子相册的工具软件。用户只需简单地单击几个按钮，几分钟之内就可以把上百张数码照片转换为各种视频格式的电子相册。电子相册可以在电脑上用播放器播放，也可以刻录成 DVD、VCD 光盘，和朋友分享，或者传输到手机、平板电脑等移动设备上播放。

艾奇视频电子相册制作软件 5.20.910 版的主要功能特点如下。

(1) 支持多种图片格式，如 jpg、png、bmp、gif 等，每种格式支持各种尺寸和分辨率。

(2) 支持多种音频格式，如 mp3、wmv、acc、ogg、wav 等。

(3) 支持输出多种视频格式，如 avi、vob、wmv、mp4、3gp、mpg、rm、flv、swf、h264

等，每种格式支持各种清晰度和分辨率。

(4) 图片切换之间展示多达 200 种的过渡效果，每张图片的展示时间和过渡效果时间都可以自由设置。

(5) 支持效果预览功能，开始制作之前可以完整地展示图片过渡效果和音乐匹配，快速观看视频全貌。

(6) 拥有性能强大的图像引擎，保证高画质、高品质输出每一帧画面。

8.5.2 艾奇视频电子相册制作软件常用操作

(1) 安装完成之后，启动艾奇视频电子相册制作软件 5.20.910 版，界面如图 8-36 所示。

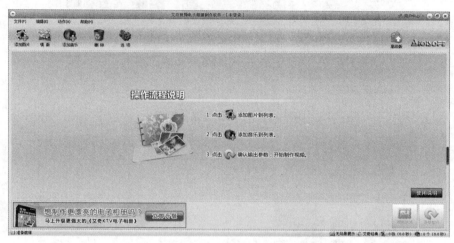

图 8-36 艾奇视频电子相册制作软件主界面

(2) 单击工具栏中的"添加图片"按钮，多次选择需要制作成电子相册的图片，单击"打开"按钮，将所需制作的图片添加到列表中，如图 8-37 所示。

图 8-37 添加图片到列表界面

(3) 单击工具栏中的"模板"按钮,在弹出的"模板选择"界面中选择合适的场景模板,单击"选择"按钮,如图 8-38 所示。切换到"转场模板"选项卡,选择合适的转场模板并单击,如图 8-39 所示。最后单击"确定"按钮,完成对场景模板和转场模板的选择。

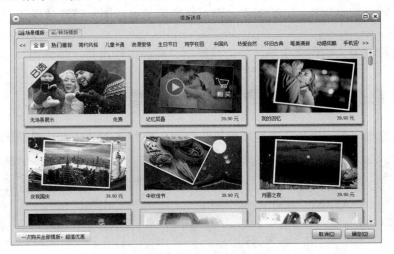

图 8-38 "模板选择"界面

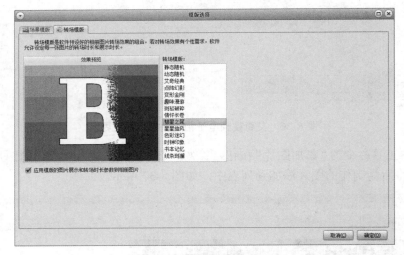

图 8-39 "转场模板"选项卡

(4) 单击工具栏中的"添加音乐"按钮,选择所需使用的音乐文件,如图 8-40 所示,单击"打开"按钮,将音乐添加到音乐源文件列表。

(5) 单击右下角的"相册装饰"按钮,在弹出的相册装饰界面中切换到"相册相框"选项卡,单击"设置相册相框"按钮,而后选择合适的相册相框,如图 8-41 所示,单击"确定"按钮完成选择,单击相册装饰界面中的"确定"按钮,回到主界面。

(6) 单击右下角的"开始制作"按钮,弹出输出设置界面,在"输出文件"选项组中输入合适的电子相册文件名,如"我的风景照片电子相册",如图 8-42 所示,而后单击"开始制作"按钮,等待电子相册制作完成,如图 8-43 所示。

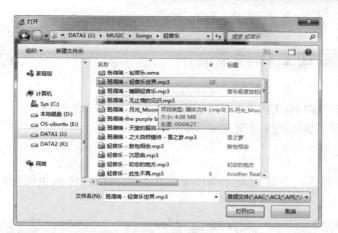

图 8-40　选择音乐文件

图 8-41　设置相册相框界面

图 8-42　输出设置界面

图 8-43　电子相册制作中

8.6   回到工作场景

通过 8.2~8.5 节内容的学习，掌握了图像处理工具软件的使用方法，并足以完成 8.1 节工作场景中的任务。具体的实现过程如下。

【工作过程一】

(1) 运行美图秀秀，单击主页上的"美化图片"按钮，进入美化图片界面，如图 8-44 所示。

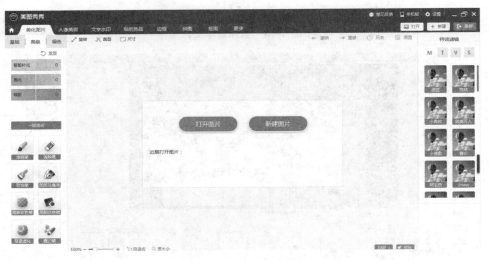

图 8-44   美化图片界面

(2) 单击"打开"按钮，找到图片所在文件夹并双击，打开图片，如图 8-45 所示。

图 8-45   打开图片后的界面

(3) 单击右侧面板上特效滤镜下的不同滤镜风格，将图片美化成不同风格的图片，如图 8-46 所示。

图 8-46　单击"小森林"特效滤镜后的界面

(4) 美化完成后，单击右上角的"保存"按钮，进入保存与分享界面，如图 8-47 所示，保存路径建议选择"桌面"或"自定义"，文件名与格式按照所需填入，画质调整中的画质百分比建议设置为 100%，单击"保存"按钮保存美化完成的图片，即可完成图片的美化。

图 8-47　保存与分享界面

【工作过程二】

(1) 启动艾奇视频电子相册制作软件 5.20.910 版，单击工具栏中的"添加图片"按钮，多次选择需要制作成电子相册的图片，单击"打开"按钮，将所需制作的图片添加到列表中，如图 8-48 所示。

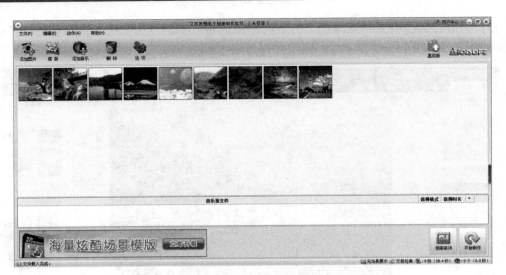

图 8-48　添加图片到列表界面

(2) 移动鼠标指向第一张图片，单击 ✎ 编辑按钮，进入"图片编辑"界面，如图 8-49 所示。

图 8-49　图片编辑界面

(3) 在"图片裁剪"选项卡中选择合适的裁剪方式，建议"按输出视频宽高比裁剪(无黑边)"，而后移动和缩放图片中的白色矩形框至合适位置，如图 8-50 所示。单击左下角的"图片裁剪"按钮，完成图片裁剪。

(4) 切换到"添加文字"选项卡，在文本框中输入想要添加的文字，如"枯藤老树昏鸦"，而后在右侧各项参数中依次调整字体，如"字体"为"方正隶书繁体"，"字形"为"粗体"，"字号"为"50"，"文字方向"为"垂直"等参数，最后单击"添加文本"按钮，完成添加，如图 8-51 所示。

(5) 切换到"点缀图"选项卡，在"图片"选项卡下选择合适的图片，添加到图中，而后移动和缩放图片至合适位置，如图 8-52 所示。

图 8-50　"图片裁剪"选项卡

图 8-51　"添加文字"选项卡

图 8-52　"点缀图"选项卡

(6) 切换到"加边框"选项卡，在"装饰美化"选项卡下选择合适的边框，添加到图中，如图 8-53 所示。

图 8-53　"加边框"选项卡

(7) 最后单击右下角"确定"按钮，完成第一张图片的编辑。而后按照相同方式完成其他图片的编辑。

(8) 移动鼠标指向第一张图片，单击 转场效果按钮，进入单个图片"转场效果"界面，如图 8-54 所示。在左下方"转场效果"选项卡中，单击"图片转场效果"下拉按钮，通过上下滚动选择合适的图片转场效果，单击"预览"按钮，对所选图片转场效果进行预览。单击"图片显示方式"下拉按钮，通过上下滚动选择合适的图片显示方式。合理调整图片展示时长，建议 3～6 秒，合理调整图片转场时长，建议 2～3.5 秒。单击右下角的"确定"按钮，完成第一张图片的转场效果设置。而后按照相同方式完成其他图片的转场效果设置。

图 8-54　转场效果界面

(9) 单击工具栏中的"添加音乐"按钮，选择所需使用的音乐文件，如图 8-55 所示，单击"打开"按钮完成添加，也可多次添加，将多个音乐文件添加到音乐源文件列表中。

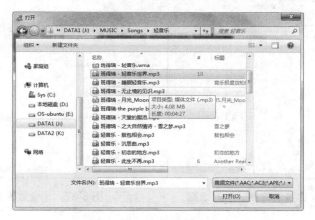

图 8-55　添加音乐界面

(10) 单击右下角的"开始制作"按钮，弹出"输出设置"界面，在"输出文件"选项卡中输入合适的电子相册文件名，如"我的风景照片电子相册"，而后单击"开始制作"按钮，即可完成电子相册的制作。

 ## 8.7　工作实训营

8.7.1　训练实例

1．训练内容

使用 ACDSee 图片浏览器批量处理图片，并转换图片格式。

2．训练目的

掌握使用 ACDSee 图片浏览器批量处理图片的方法，掌握转换图片格式的操作步骤。

3．训练过程

具体实现步骤如下。

(1) 打开 ACDSee 图片浏览器，然后在左侧窗格的"文件夹"列表中选择要进行格式转换的图片所在的文件夹，在中间一栏内选择要转换格式的图片。

(2) 选择"工具"|"批量"|"转换文件格式"命令，将弹出"批量转换文件格式"对话框，如图 8-56 所示。

(3) 切换到"格式"选项卡，选择要转换后的格式，单击"下一步"按钮。

(4) 弹出如图 8-57 所示的"设置输出选项"界面，在其中设置转换后文件的保存位置以及是否删除原文件等，再单击"下一步"按钮，在弹出的对话框中单击"开始转换"按钮即可转换成功。

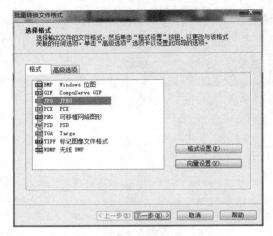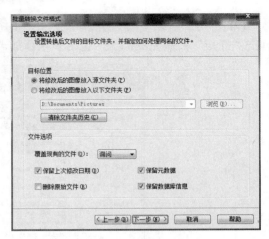

图 8-56　"批量转换文件格式"对话框　　　图 8-57　"设置输出选项"界面

4．技术要点

批量转换图片格式时，可以选择转换后图片的文件类型和图片大小。其中文件类型可以通过选择"工具"|"批量"|"转换文件格式"命令，弹出"批量转换文件格式"对话框进行选择，而图片大小也可以根据需要设置。

8.7.2　工作实践常见问题解析

【问题 1】如何转换图片格式？

【答】可以使用 ACDSee，选择"工具"|"批量"|"转换文件格式"命令转换图片格式。

【问题 2】如何对文件进行批量重命名？

【答】可以使用 ACDSee，选择"工具"|"批量"|"批量重命名"命令对文件进行批量重命名。

【问题 3】如何进行屏幕捕捉？

【答】可以使用 HyperSnap，选择"捕捉"|"区域"命令截取指定区域。

【问题 4】如何独具匠心地制作有声电子相册？

【答】可以使用艾奇视频电子相册制作软件，进行相片、相框、过渡及响应动作设置，最后添加背景音乐制作而成。

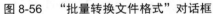 小　结

本章主要介绍了一些常用的图像处理工具软件：图像浏览工具、图像美化工具、屏幕截图工具和电子相册工具等。通过本章的学习，读者可以熟练使用 ACDSee 浏览图片，转换图片格式，批量重命名图片文件，能够灵活运用美图秀秀进行图片美化，并能够最终制作出精美的电子相册。

习 题

1. 利用 ACDSee 来实现图片的幻灯片放映。
2. 利用 ACDSee 对文件进行批量重命名，其格式为 angel_1、angel_2、angel_3 等。
3. 利用美图秀秀将一张图片用不同的特效滤镜进行美化。
4. 利用美图秀秀对人像进行瘦脸。
5. 使用 HyperSnap 截取操作美图秀秀的窗口并将其转换为 GIF 格式。
6. 使用艾奇视频电子相册制作软件制作一个电子相册。

第 9 章

娱乐视听工具软件

 本章要点

- 使用 MP3 播放工具播放音乐
- 使用流媒体播放工具观看网上的视频
- 通过网络电视观看最新最热门的影片

 技能目标

- 能够熟练使用 MP3 播放工具播放音乐
- 能够熟练通过网络电视观看最新最热门的影片

9.1 工作场景导入

【工作场景】

小沙是个音乐迷和电影迷，对于最新的音乐和电影，总是希望在第一时间通过网络媒体来欣赏，对于很多流行音乐，他想下载下来慢慢品味欣赏。对于这样的音乐迷怎样才能通过计算机以及网络更好地收听呢？

【引导问题】

(1) 如何使用 MP3 播放工具播放音乐？
(2) 如何使用视频播放工具观看热门电影？

 # 9.2 音乐播放工具——酷狗音乐

酷狗是中国领先的数字音乐交互服务提供商，互联网技术创新的领军企业，致力于为互联网用户和数字音乐产业发展提供最佳的解决方案。公司的使命是成为亚太地区最大的数字音乐销售推广企业。

自公司创建以来，一直在数字音乐发展上大胆尝试，先后与几十家唱片公司、版权管理机构合作探索发展，积累了数万首数字音乐版权，并在推动跨行业、跨平台合作上做出努力，在艰巨的全球音乐数字化进程中做出自身的贡献。酷狗(KuGou)拥有超过数亿的共享文件资料，深受全球用户的喜爱，拥有上千万使用用户，可以多源下载，提升平时的下载速度。其在国内最先提供在线试听功能，方便用户进行选择性下载。良好的音乐效果，丰富的网络音乐资源，简单的操作成为酷狗音乐吸引用户的优势。

在酷狗音乐上，听、看、唱功能分工不同。"听"板块以海量曲库为基石；"看"板块以直播功能为主，与音乐短视频和自制音乐节目形成影音联动；"唱"板块，"做评委"和"打擂台"融入在线 K 歌功能。此外还提供了"蝰蛇音效""倍速播放""识曲""跑步模式"等个性化工具，让音乐有更多新玩法。

9.2.1 播放音乐文件

(1) 选择"开始"|"所有程序"|"酷狗音乐"命令，或直接双击桌面上的"酷狗"快捷方式图标 Ⓚ，启动如图 9-1 所示的酷狗音乐主界面。

(2) 选择一个你要播放的音频文件，然后用鼠标右击并选择"打开方式"|KuGou 命令，如图 9-2 和图 9-3 所示。

(3) 或者打开酷狗音乐主界面，单击"本地导入"链接，如图 9-4 所示，选择音乐所在的目录添加。

图 9-1　酷狗音乐主界面

图 9-2　选择要播放的视频文件

图 9-3　打开播放文件

图 9-4 本地导入

(4) 返回酷狗音乐主界面，单击如图 9-5 所示歌词，可以看到歌词面板。

图 9-5 歌词面板

(5) 单击界面下方播放栏中的"词"，可以显示或隐藏歌词。按住鼠标左键并拖动，可以让歌词在屏幕的任意位置显示，如图 9-6 所示。

酷狗音乐主界面的控制按钮及其作用如表 9-1 所示。

图 9-6 桌面歌词

表 9-1 酷狗音乐主界面的控制按钮及其作用

按 钮	作 用
词	桌面是否显示歌词
⇄	切换播放模式，如单曲循环、列表循环、顺序播放、随机播放
音效	设置音效
⏮	前一首
⏭	后一首
▶	播放
⏸	暂停
全屏	全屏视图
最小	切换到最小模式
⤓	下载音乐

9.2.2 播放在线音乐文件

(1) 将计算机连接 Internet，启动酷狗音乐，注册一个账号并登录。

(2) 在页面上方的搜索栏里，输入自己喜欢听的音乐，单击"搜索"按钮，然后选择自己想听的音乐单击播放，如图 9-7 和图 9-8 所示。

(3) 新建自己喜欢的播放列表：把自己喜欢的歌曲收藏在喜欢的播放列表里，下次进入就可以点击播放列表听自己喜欢的歌曲了。在页面的左边右击，选择"新建列表"命令，输入列表名字，如图 9-9 所示。

图 9-7　搜索想听的音乐

图 9-8　选择想听的音乐

图 9-9　新建列表

（4）在列表中选择一个歌曲并右击，执行"添加到列表"命令，在子菜单中选择要添加到的列表，如图 9-10 所示。

图 9-10　添加歌曲到列表

（5）下载歌曲，把自己喜欢的歌曲下载下来，下次电脑不联网，也可以听，如图 9-11 所示。

图 9-11　下载歌曲

（6）酷狗首页的乐库、歌单、排行榜都是网络上当前比较流行的音乐，可以根据要求进行筛选，如图 9-12 所示。

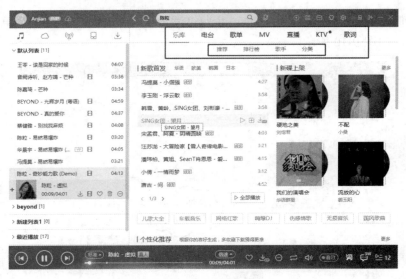

图 9-12　排行歌曲

9.3　视频播放工具——爱奇艺

爱奇艺是目前网络上最流行、使用人数最多的一款媒体播放器,爱奇艺视频是爱奇艺旗下一款专注于视频播放的客户端软件。爱奇艺视频包含爱奇艺所有的电影、电视剧、综艺、动漫、音乐、纪录片等。

爱奇艺具有以下主要特点。

(1) 内容个性化,你的喜好你来定:根据用户的观影喜好来推荐最适合的视频内容。

(2) 汇集全网视频:网罗爱奇艺、优酷、土豆、腾讯、搜狐、乐视等全部视频。

(3) 全部正版高清:爱奇艺上的视频均为正版授权,无法律风险。

(4) 看片秒播,拒绝卡顿:采用爱奇艺独家研制的 HCDN 网络传输技术。

(5) 全面支持1080P,画面清晰锐利:支持高清、超清 720P、1080P、4K 清晰度。

(6) VIP 会员独享好莱坞大片:超过 6000 部电影大片免费观看,热门电视剧 VIP 会员抢先看。

(7) 尊享 VIP 会员超多特权:免广告、下载加速、尊贵会员皇冠、杜比音效、优惠券,还有超多特权等你发现。

9.3.1　爱奇艺的安装与卸载

软件下载到本地硬盘后可以直接单击“立即安装”按钮,或者自定义安装,也可以选择安装的路径,如图 9-13 和图 9-14 所示。安装完成后就可以使用,如果感觉不好用,也可以卸载。卸载有多种方式,如果装有“360 安全卫士”或“电脑管家”,则可以通过“软件管家”来卸载;如果没有,就通过“控制面板”中的“添加或删除程序”功能来删除。

图 9-13　爱奇艺立即安装　　　　　　　　　图 9-14　爱奇艺自定义安装

9.3.2　爱奇艺的使用

　　软件安装成功后，在连接网络状态下就可以正常使用了，在界面左侧的分栏中可以选择需要播放的视频或电视节目。界面下方为视频播放控制按钮，可控制播放开始、暂停，如图 9-15 所示。

图 9-15　爱奇艺主界面控制按钮

　　使用时可以设置一些快捷键，以方便使用过程中对爱奇艺的控制。自定义快捷键如图 9-16 所示。

　　播放本地视频时，单击主界面上的"我的播单"选项，再单击+号，选择视频所在的目录，单击"打开"按钮，如图 9-17 所示。

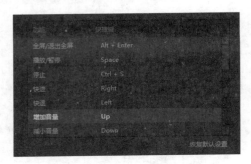

图 9-16　爱奇艺自定义快捷键

图 9-17　播放本地视频

9.4　回到工作场景

通过 9.2~9.3 节内容的学习，掌握了娱乐视听工具软件的使用方法，并足以完成 9.1 节工作场景中的任务了。具体的实现过程如下。

【工作过程一】

(1) 选择"开始"|"所有程序"|"酷狗音乐"命令，或直接双击桌面上的"酷狗音乐"快捷方式图标 K，启动酷狗音乐，如图 9-18 所示。

(2) 选择一个你要播放的音频文件，然后用鼠标右击并选择"打开方式"|KuGou 命令，如图 9-19 和图 9-20 所示。

【工作过程二】

爱奇艺软件安装成功后在连接网络状态下就可以正常使用了，在界面左侧的分栏中选择需要播放的视频或电视节目。界面下方为视频播放控制按钮，可控制播放开始、暂停及播放速度，如图 9-21 所示。

图 9-18　酷狗音乐主界面

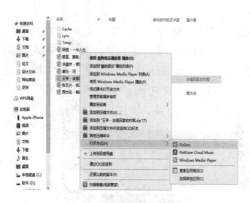

图 9-19　选择要播放的视频文件

图 9-20　打开播放文件

图 9-21　控制视频播放

9.5 工作实训营

9.5.1 训练实例

1．训练内容

通过使用酷狗音乐格式转换插件来转换音频文件的格式，完成 MP3 文件和 WAV 文件的相互转换。

2．训练目的

掌握使用酷狗音乐批量转换的方法，掌握转换音乐文件的操作步骤。

3．训练过程

具体实现步骤如下。

音频文件的格式很多，包括 MP3、MP2、MOD、S3M、MTM、ULT、XM、IT、669、CD-Audio、Line-In、WAV、VOC、AVI、OGG、WMV、MPG 等。通过酷狗音乐格式转换插件，可以将一种音频格式转换成另一种音频格式。例如，如果计算机现有的 MP3 播放器不支持某音频文件的格式，就可以通过酷狗音乐格式转换插件来转换，转换步骤如下。

(1) 打开酷狗音乐主界面，在应用工具对话框中选择格式转换，如图 9-22 所示。

图 9-22　转换格式

(2) 在弹出的"格式转换工具"对话框中，单击"添加文件"按钮，添加需要格式转换的文件，如图 9-23 所示。然后选定输出的格式类型和目标文件夹的位置，再单击"转换文件"按钮。

(3) 转换结果如图 9-24 所示，显示出转换成功的数量和失败的数量。

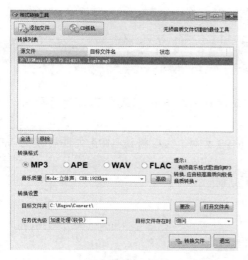
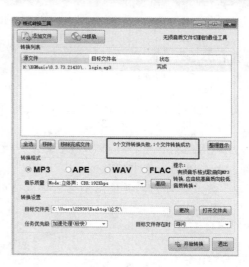

图 9-23　"格式转换工具"对话框　　　　　图 9-24　转换完成

4．技术要点

批量转换音乐文件时，可以选择多个文件一次性转化，无须操作多次。可转换的文件有多种格式可供选择，如 MP3、MP2、MOD、S3M、MTM、ULT、XM、IT、669、CD-Audio、Line-In、WAV、VOC、AVI、OGG、WMV、MPG 等。

9.5.2　工作实践常见问题解析

【问题 1】哪些软件可以播放在线视频文件？

【答】可以使用爱奇艺、暴风影音或 PPS 观看在线视频。

【问题 2】如何播放音频文件？

【答】可以安装酷狗音乐播放音频文件，通过"添加"按钮选择文件所在文件夹，即可将音乐文件导入播放列表中进行播放。

【问题 3】如何使用爱奇艺播放在线视频文件？

【答】爱奇安装成功后，在连接网络的状态下，在界面左侧的分栏中选择需要播放的视频或电视节目。

小　结

本章主要介绍了一些常用的娱乐视听工具软件：流媒体播放工具、MP3 播放工具、网络电视等。通过本章的学习，可以熟练使用爱奇艺播放本地视频文件和在线视频文件，学会使用酷狗音乐播放音乐文件，并可以了解一些视听工具软件的设置和安装，解决播放视频、音频文件过程中遇到的一些常见问题。

习 题

1. 利用爱艺奇在线播放自己喜欢的视频，或使用酷狗音乐下载自己喜爱的歌曲，然后播放。

2. 利用酷狗音乐将一个 WMA 文件转换成 MP3 文件，然后将该 MP3 文件转换为 WMA 文件，并在酷狗音乐中播放。

3. 安装爱奇艺，并使用爱奇艺播放热门电视剧。

第 10 章

数字音频处理工具软件

 本章要点

- 熟练使用数字音频编辑工具编辑一段音频
- 熟练使用数字音频格式转换工具转换音频格式
- 熟练使用音频抓取工具抓取一段音频

技能目标

- 能够熟练使用数字音频格式转换工具转换音频格式
- 能够熟练使用音频工具抓取音频

10.1　工作场景导入

【工作场景】

　　手机已经达到人手一部的状态了,可是手机的来电铃声却是千篇一律,小新是个追赶潮流的时尚达人,想要把最新最时尚的音乐放在手机里面作为手机来电铃声,这就需要学会抓取 CD 上的音频文件以及转化音频文件的格式。现在小新想用孙燕姿 CD 中的《第一天》作铃声,应该如何实现呢?

【引导问题】

　　(1) 如何使用数字音频转换工具转换音频格式?
　　(2) 如何使用音频工具编辑、抓取音频?

 ## 10.2　数字音频编辑工具

　　Cool Edit Pro 是一个非常出色的数字音乐编辑器和 MP3 制作软件。不少人把 Cool Edit 形容为音频"绘画"程序。Cool Edit Pro 是美国 Adobe Systems 公司开发的一款功能强大、效果出色的多轨录音和音频处理软件。

　　Cool Edit Pro 中文版软件提供多种特效:放大、降低噪音、压缩、扩展、回声、失真、延迟等。可以同时处理多个文件,轻松地在几个文件中进行剪切、粘贴、合并、重叠声音等操作。使用它可以生成的声音有:噪音、低音、静音、电话信号等。该软件还包含 CD 播放器。其他功能包括:支持可选的插件、崩溃恢复、支持多文件、自动静音检测和删除、自动节拍查找、录制等。

　　另外,Cool Edit Pro 中文版软件可以在 AIF、AU、MP3、Raw PCM、SAM、VOC、VOX、WAV 等文件格式之间进行转换,并且能够保存为 RealAudio 格式。

10.2.1　Cool Edit Pro 界面介绍

　　安装完成后,打开 Cool Edit Pro 中文版软件,进入工作界面,如图 10-1 所示。
　　Cool Edit Pro 主界面从整体上来看,与其他软件没什么不同,上面同样有许多工具条,下方是编辑区,目前编辑区中显示着一条声音的波形。那些工具条是可以定制的,您可以取消其中的一部分,如图 10-2 所示。
　　在编辑区中,可以看到声音的波形,这是传统的音响器材没有的一项功能。可以任意地将波形放大,如图 10-3 所示就是放大到一定倍数后的波形编辑区。
　　怎样将波形放大或缩小呢?编辑区左下角有一个放大镜工具,通过这个工具可以轻易地将波形横向放大或缩小,以适应相应的操作,如图 10-4 所示。
　　加载音频文件后在 Cool Edit Pro 编辑区的音轨中将生成该音频文件的波形图,如果想要播放音频或试听部分音频，可通过左下角的音频播放控制面板来实现，如图 10-5 所示。

图 10-1　Cool Edit Pro 主界面

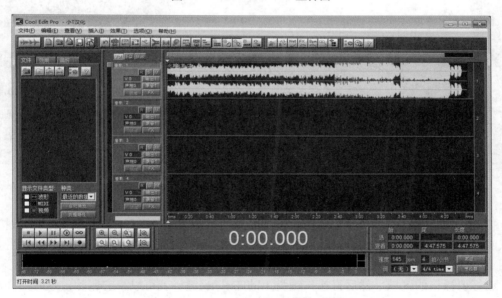

图 10-2　Cool Edit Pro 加载音频文件界面

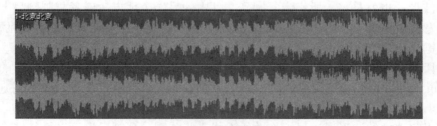

图 10-3　音频文件波形图

图 10-4　Cool Edit Pro 波形缩放工具　　　　图 10-5　Cool Edit Pro 音频播放控制面板

10.2.2　使用 Cool Edit Pro 剪辑音频

切换到"文件"选项卡，单击"打开"快捷按钮，选择需要剪辑的音频，如图 10-6 所示。

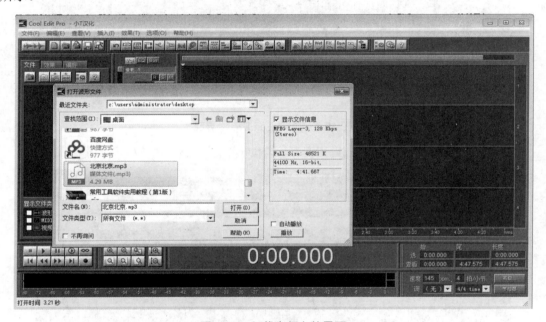

图 10-6　加载音频文件界面

打开音频需要一段时间，之后进入音频剪辑的工作区域。可以单击左下角的播放按钮，先试听自己需要剪辑的音频，同时想好自己要剪掉哪些音频。在波形处拖动鼠标选择区域，如图 10-7 所示。

选好要操作的区域，然后直接按键盘上的 Delete 键，就可以将它删除，这时后面的波形会补上来。

复制波形，也就是将一段声音复制到文件中的另一个地方，或者复制到另一个文件里去，也是先选中区域，然后按键盘上的快捷键 Ctrl+C，接下来将指针移到需要粘贴的地方，按下快捷键 Ctrl+V 就可以了。

将一段波形移动到另一处，也是先选中区域，然后单击鼠标右键，在弹出的快捷菜单中选择 Cut 命令，或者使用快捷键 Ctrl+X，然后将指针移到目标位置，按下快捷键 Ctrl+V 就完成了。

还可以将选中的波形通过鼠标拖动的方式进行分割，分割后也可以将其转换为孤本，分割如图 10-8 所示。

图 10-7　选取音频

图 10-8　分割波段

　　Cool Edit Pro 的音频编辑功能非常强大，除了可以分割音频外，还可以合并不同的音乐，从而制作出独特的音频文件。可以在多轨上加载不同的音频文件，如图 10-9 所示。

　　也可以将不同音轨上的音频文件拖到同一个音轨上，操作是选择音频文件，按住鼠标右键拖动音频波形文件到相应音轨上，如图 10-10 所示。

图 10-9　插入多轨音频

图 10-10　将音频文件拖至同一音轨

　　处理好多个音频文件后，可以将其合并成一个完整的音频文件，选择"文件"|"混缩另存为"命令，可以将多段音频文件保存为一首完整的 WAV、MP3 等音频文件，如图 10-11 所示。

图 10-11　合并音频文件

 ## 10.3　数字音频格式转换工具

格式工厂(Format Factory)是一款功能强大的多媒体格式转换软件，适用于 Windows，可以实现大多数音频、视频以及图像的不同格式之间的相互转换。

有了格式工厂，读者就能将所有音频转换成 MP3、WMA、FLAC、AAC、MMF、WAV等，轻松实现各音频格式的相互转换。下面介绍使用"格式工厂"转换音频格式的方法以将 MP3 文件转化为 WMA 为例进行介绍。

运行格式工厂软件，切换到音频格式处理界面，如图 10-12 所示。

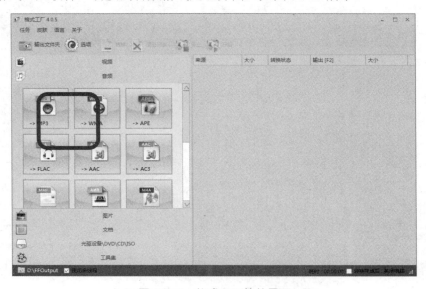

图 10-12　格式工厂软件界面

这里需要将 MP3 格式的音频文件转换为 WMA 格式文件，单击 WMA 按钮，出现如图 10-13 所示的添加音频文件界面。

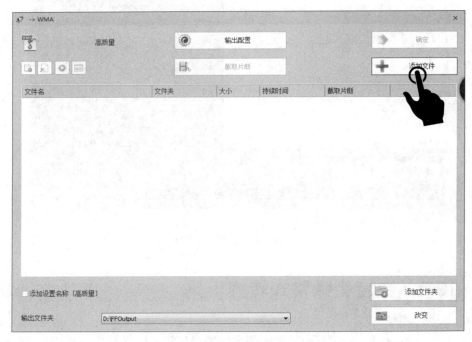

图 10-13　添加音频文件界面

单击"添加文件"按钮，添加待处理的音频文件并确定，如图 10-14 所示。

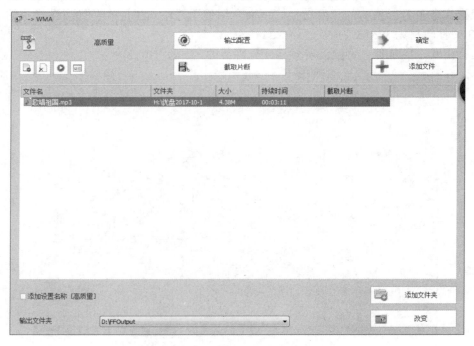

图 10-14　添加待处理的音频文件界面

　　此时在格式工厂窗口中可以看到待转换的"歌唱祖国.mp3"音频文件，如果有多个 mp3 文件需要转换，也可继续单击"添加文件"按钮添加音频文件，即可实现批量转换。

　　添加好音频文件并单击"确定"按钮后，返回主界面，如图 10-15 所示。此时在左侧窗口中可以看到待转换音频文件的名称、大小、待转换格式、转换后的文件保存路径等信息。也可以通过右键菜单命令对文件进行相应处理，如输出配置、打开源文件夹、删除任务等，如图 10-16 所示。

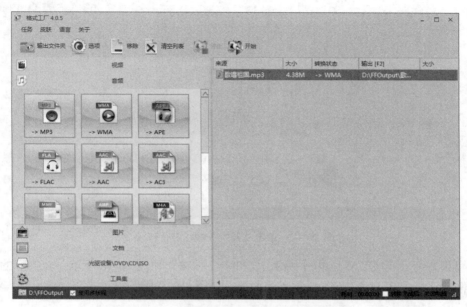

图 10-15　添加音频文件后返回主界面

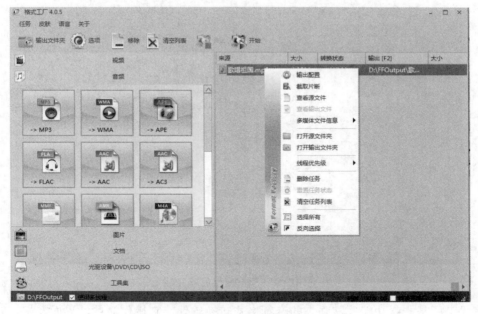

图 10-16　右键菜单命令

完成好相应操作后，单击"开始"按钮，执行将 mp3 文件格式转换为 wma 文件格式的转换，如图 10-17 所示。

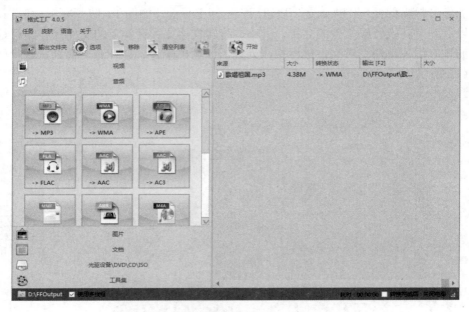

图 10-17　单击"开始"按钮进行转换

转换状态为"完成"后，单击"输出文件夹"按钮，如图 10-18 所示。转换好的 WMA 格式文件默认保存在 D 盘 FFOutput 文件夹下，如图 10-19 所示。

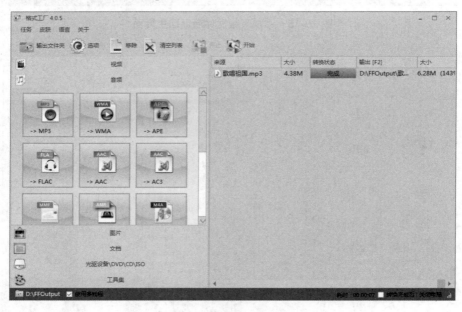

图 10-18　音频文件转换完成

格式工厂是一款功能非常强大的音频格式转换软件，它操作简单，界面友好，转换效率极高，是日常必备软件之一。

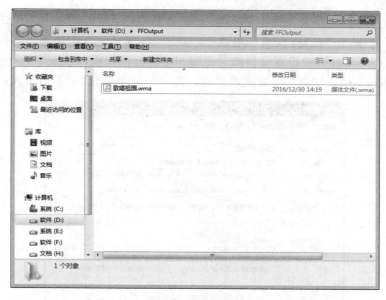

图 10-19　完成转换的音频文件所在文件夹

 ## 10.4　音频抓取工具

10.4.1　CDex 抓取 CD 光盘上的音轨

CDex 可以将 CD 盘上的音频文件抓取成各种音频格式的文件，操作步骤如下。

1) 抓取 CD 光盘文件的音轨

将 CD 放入光驱，启动 CDex，程序窗口的音轨列表中会显示 CD 中的所有音轨，默认所有音轨都是被选定的，可单击某个音轨以取消其他音轨的选定，然后用 Ctrl 键配合鼠标单击来选定需要抓取的音轨，如图 10-20 所示。选定后按 F8 键，即可将音轨保存为 WAV文件，文件默认保存在"我的文档"下的 My Music 文件夹中，路径可以自己修改。

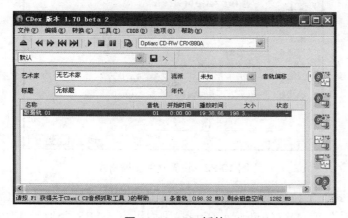

图 10-20　CD 抓轨

2) 设置文件保存路径及文件命名规则

按 F4 键，会弹出"CDex 配置"对话框，如图 10-21 所示，切换到"文件名"选项卡，在"文件名格式"文本框中设置文件命名规则，将鼠标指针指向该文本框会弹出一个说明框，解释命名规则，如"%1"代表艺术家等。其下分别可设置 MP3 和 WAV 文件的路径。

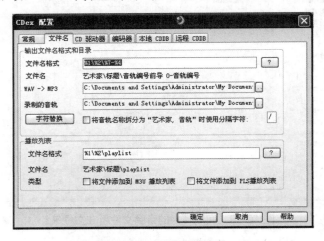

图 10-21　压缩音频文件

3) 设置文件压缩格式

其实 MP3 只是 CDex 所能编码的众多音频格式中的一种，将 CD 和 WAV 编码成哪种音频格式，可在 Encoder 选项卡中进行设置。

在"编码器"选项卡(见图 10-22)中展开"编码器"下拉列表，可以看到 CDex 所能使用的音频编码器，包括 MP2、VQF、Ogg、WMA、AAC 等编码器，仅 MP3 编码器就有两种，当然我们要选择最好的 Lame MP3 Encoder，然后在其下的"编码器选项"选项组中设置编码器参数。

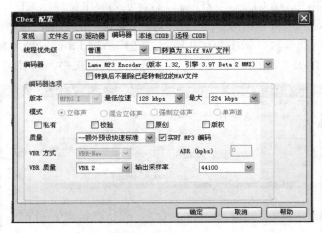

图 10-22　设置文件压缩格式

在"VBR 方式"下拉列表框中选择 VBR 编码方式，这样才能体现 LAME 编码器的优势。可选择"默认"或 ABR(Average Bitrate)平均码率，ABR 类似于 VBR，它会对低频和不敏感频率使用相对低的数据量，高频和大动态表现时使用高数据量，但平均数值会接近所指定的值，相当于 VBR 和 CBR 之间的一种折中选择，ABR 的数值可设为 128Kbps 或 160Kbps。"VBR 质量"用于设置品质，数值从 0～9，数值越小，品质越好。

4) 编码

设置好后，回到主窗口，按 F9 键，即将抓取的 CD 音轨编码为 MP3 或指定的其他音频格式。如果要将硬盘中已有的 WAV 文件编码为 MP3，可按 F11 键，并在弹出的"打开"窗口中导入要编码的 WAV 文件，单击"转换"按钮进行转换。

10.4.2　CDex 抓取 CD 光盘上的部分音轨

在制作网站、教学课件时，若只需要抓取音轨中的一部分制成 MP3 或 WAV 文件，则大可不必先将整条音轨抓取为 MP3 或 WAV 文件，再进行裁切，在用 CDex 抓取音轨时，可有选择地抓取音轨的一部分。

在唱片集列表中选择准备抓取的音轨，单击右侧第三个按钮"抓取 CD 音轨"|"仅部分节段"，弹出如图 10-23 所示的对话框。

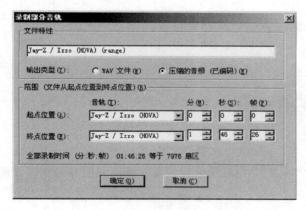

图 10-23　"录制部分音轨"对话框

在"起点位置"和"终点位置"下拉列表框右侧输入准确的节段时间，最后单击"确定"按钮，稍后就会在目标文件夹中生成想要的文件。

我们可以同时选择多个音轨，单击"抓取 CD 音轨"|"仅部分节段"后，可以看到"起点位置"和"终点位置"的音轨为不同的音轨，同样可以输入时间，单击"确定"按钮，将不会像普通抓音轨那样每一个音轨生成一个文件，而是此时间段内的所有音轨及节段会编码成一个文件。

 ## 10.5　回到工作场景

通过 10.2～10.4 节内容的学习，掌握了数字音频工具软件的使用方法，此时足以完成 10.1 节工作场景中的任务。具体的实现过程如下。

【工作过程一】

在使用电脑的过程中，经常需要在各种格式间进行转化，"格式工厂"集成了多种音频编码器，因而可以非常方便地完成各种格式的转化。下面以将 FLAC 文件转化为 MP3 文件为例进行介绍。

(1) 进入即将转换的音频格式窗口。

打开"格式工厂"软件，单击"MP3 格式"按钮，进入 MP3 格式转换界面，如图 10-24 所示的对话框。

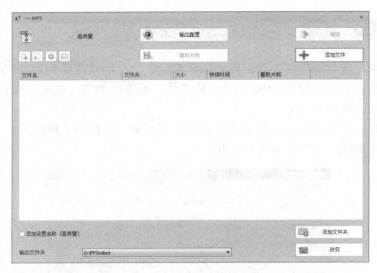

图 10-24　MP3 格式转换界面

(2) 打开源文件。

单击"添加文件"按钮，在目录中找到要转换格式的音频文件加载源文件，如图 10-25 所示。

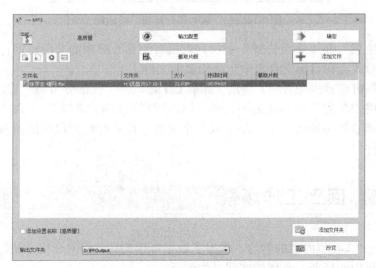

图 10-25　选择需要转换的源文件

单击"确定"按钮后，返回"格式工厂"主窗口界面，单击"开始"转换按钮，即可将 FLAC 文件转换成需要的 MP3 文件了。

【工作过程二】

将孙燕姿的 CD 唱片放入光驱，启动 CDex，程序窗口的音轨列表中会显示 CD 中的所有音轨，默认所有音轨都是被选定的，可单击某个音轨以取消其他音轨的选定，然后用 Ctrl 键配合鼠标单击来选定需要抓取的音轨，如图 10-26 所示。选定后按 F8 键，即可抓住音轨保存为 WAV 文件，文件默认的保存路径为"我的文档"下的 My Music 文件夹，路径可以自己修改。

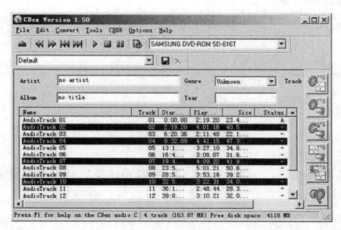

图 10-26　CD 抓轨

10.6　工作实训营

10.6.1　训练实例

1．训练内容

通过使用"格式工厂"音频格式转换软件，完成 MP3 文件到 WMA 文件的批量转换。

2．训练目的

掌握使用"格式工厂"批量转换的方法，掌握转换音乐文件的操作步骤。

3．训练过程

具体实现步骤如下。

以将大量 MP3 文件同时转化为 WMA 文件为例进行介绍。

(1) 进入需转换的音频格式界面并添加文件。

单击"WMA 格式"按钮，进入 WMA 格式转换界面，添加待转换的 MP3 音频文件，如图 10-27 所示。

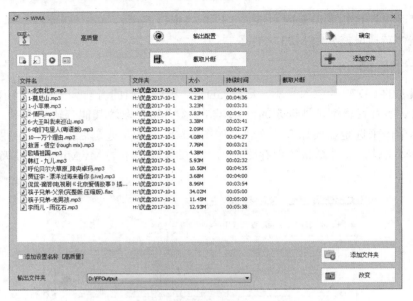

图 10-27　批量添加待转换音频文件

(2) 设置完成开始转换。

单击"开始"转换按钮，利用"格式工厂"音频转换功能快速实现多文件的批量格式转换，如图 10-28 所示。

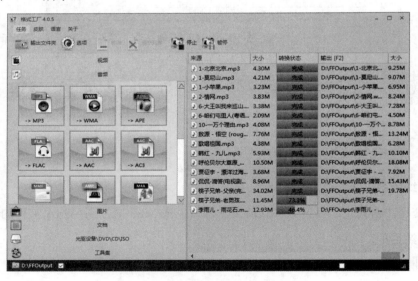

图 10-28　批量转换音频文件格式

4．技术要点

批量转换音乐文件时，可以选择多个文件一次性转化，无须操作多次。其中转换文件的文件类型有多种格式可供选择，如 MP3、FLAC、MOD、S3M、MTM、ULT、XM、IT、669、CD-Audio、Line-In、WAV、VOC、AVI、OGG、WMV、MPG 等。

10.6.2　工作实践常见问题解析

【问题 1】怎样对音频文件进行剪辑？

【答】可以使用 Cool Edit Pro 选好要剪辑音频的区域，然后直接按键盘上的 Delete 键，就可以将其删除。

【问题 2】如何实现不同格式的音频文件间的转换？

【答】在"格式工厂"工作界面上任意选择要转换的音频格式，即可进行 MP3、FLAC、OGG、APE、WAV 等格式之间的转换。

【问题 3】如何抓取 CD 光盘上的音轨？

【答】可以使用 CDex 单击某个音轨以取消其他音轨的选定，然后用 Ctrl 键配合鼠标单击来选定需要抓取的音轨。选定后按 F8 键，即可将抓取的音轨保存为 WAV 文件。

【问题 4】如何抓取音频文件中一段音频？

【答】可以使用 CDex 软件单击"抓取 CD 音轨"|"仅部分节段"按钮即可抓取 CD 光盘上的部分音轨。

小　结

本章主要介绍了一些常用的数字音频处理工具软件：数字音频编辑工具、数字音频格式转换工具、音频抓取工具等。通过本章的学习，读者可以熟练使用 Cool Edit Pro 剪辑音频，学会使用"格式工厂"音频转换软件转换音频，以及能够运用 CDex 抓取 CD 光盘上的整条音轨和部分音轨，使用数字音频处理工具解决音频文件的一些常见问题。

习　题

1. 使用 Cool Edit Pro 剪辑一段音频并播放。
2. 使用"格式工厂"软件转换音频文件格式，完成 MP3 文件和 WAV 文件的相互转换。
3. 使用 CDex 抓取 CD 光盘上喜爱的一段音轨，保存为 MP3 格式文件，作为手机铃声。

第 11 章

数字视频处理工具软件

 本章要点

- 熟练使用数字视频制作工具处理一段视频
- 熟练使用数字视频格式转换工具转换视频格式
- 熟练使用屏幕录像工具录制一段视频

技能目标

- 能够熟练使用数字视频制作工具处理一段视频
- 能够熟练使用屏幕录像工具录制一段视频

11.1 工作场景导入

【工作场景】

现在很多人都喜欢利用手机、照相机或摄像机拍摄自己的日常生活或者有趣的事物制作成 vlog，但是拍摄素材后，如何将它们进行整合和再创作呢？看到别人上传到网上的一段段酷炫的视频，是不是也想要自己制作一个？

小薇想制作一个关于母亲的视频，在母亲节那天与母亲一同分享，感谢母亲的培养，该如何实现呢？

【引导问题】

(1) 如何使用数字视频制作工具处理一段视频？

(2) 如何将 AVI 格式的视频文件改为 FLV 格式？

11.2 数字视频制作工具

加拿大 Corel 公司研发的 VideoStudio(会声会影)是一款专为个人及家庭设计的影片剪辑软件，首创双模式操作界面，入门新手和高级用户都可轻松体验快速操作、专业剪辑、完美输出的影片剪辑乐趣！

2018 年，Corel 公司加紧会声会影 2019 版本的内测工作并于 2019 年 2 月初发布。

会声会影 2019 可直接在预览窗格将媒体文件裁切，重设大小和定位，该版本重点强化了对高清视频的支持，无论是编辑还是转码都更加轻松。 新版本的主要特性如下。

(1) 可以直接从高清摄像机导入蓝光文件，进行编辑后可以直接输出并能刻录到蓝光光盘上，且不损失画质，支持格式包括 BDMV、HDV、AVCHD、JVCTOD 等。

(2) 新的 H.264 解码器，可以快速对高清视频进行编码并保留高画质，支持 1440×1080 和 1920×1080 输出分辨率。

(3) 智能代理编辑使用低分辨率文件来编辑和预览高清视频，从而可以减少系统资源消耗，并将编辑速度提升 300%，且最终输出仍保留原高清内容的完整分辨率。

(4) 针对 Intel 四核心处理器特别优化。

(5) 可以直接将视频上传到 YouTube，并提供 WMV、H.264、FLV 等多种格式。

(6) 支持苹果 iPhone 和 iPod Touch，可以从中导出文件，或者将视频导入其中。

(7) NewBlue 电影特效，5 种滤镜提供 81 种预设效果。

(8) 全新绘画编辑器(Painting Creator)。

(9) 大量全新模板，尤其丰富了高清模板质量。

(10) 软件界面上的任何面板都可以自由调整大小。

(11) 渲染过程中可关闭预览窗口，以节约系统资源。

(12) MPEG 优化器会自动分析视频码率，并给出推荐设定，保证输出视频的最佳品质，同时还可以指定输出视频的大小。

　　会声会影是一套操作简单的影片剪辑软件，具有成批转换功能与捕获格式完整的特点，不仅完全符合家庭或个人所需的影片剪辑功能，甚至可以挑战专业级的影片剪辑软件。

11.2.1　启动会声会影程序

　　在桌面上找到 Corel VideoStudio 图标，双击即可弹出如图 11-1 所示的欢迎界面。单击"编辑"按钮即可进入程序主界面。

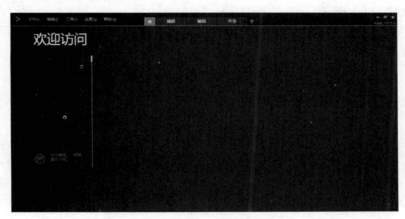

图 11-1　会声会影欢迎主界面

11.2.2　会声会影程序界面

　　单击"编辑"按钮进入主程序，如图 11-2 所示。

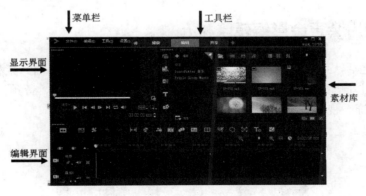

图 11-2　会声会影编辑器

　　下面介绍主程序主界面。

　　(1)　"菜单栏"：菜单栏是按照程序功能分组排列的按钮集合。点击以后，即可显示出各菜单项。

　　(2)　"显示界面"：可随时演示当前编辑的效果。

（3）　"工具栏"：工具栏按钮将会调用映射到菜单项的功能区域，分别为"主页"区、"捕获"区、"编辑"区和"共享"区。

（4）　"素材库"：用于显示包括视频、音频、图像、标题格式、转场效果等创作素材。

（5）　"编辑界面"：显示视频轨上被编辑的对象的区域，也是核心区域。

11.2.3　使用会声会影捕获素材

"捕获"是指将需要编辑的素材导入会声会影的素材库中。单击"捕获"按钮，进入捕获界面，如图 11-3 所示。

图 11-3　捕获界面

按照不同的渠道，捕获的方式也是不同的。

（1）　"捕获视频"：从外部设备捕获视频，比如摄像头。

（2）　"DV 快速扫描"：从 DV 机的磁带中捕获。

（3）　"从数字媒体导入"：从视频光盘或存储器等中捕获。

（4）　"定格动画"：可创建和编辑定格动画，这是之前版本中没有的功能。

11.2.4　使用会声会影编辑素材

素材捕获之后，可以进行编辑，如图 11-4 所示为素材库转场界面。素材库包括导入和默认素材。通过左侧菜单按钮进行选择。素材分类包括图像、视频、音频、图形(纯色的图片)、标题、装饰、视频滤镜和转场效果等。

图 11-4　素材库转场界面

素材库界面，将整个需要使用的素材和效果都存放在此，下面介绍素材库界面常用的按钮。

- ◆ 　画廊选项，以菜单栏的方式选择不同类别的素材。
- ◆ 　添加选项，可以将现有的素材添加到相应的素材库中。
- ◆ 　排序选项，可以将素材库内的素材按时间、区间、名称等进行排序。
- ◆ 　显示/隐藏标题，可以显示或者隐藏素材标题。
- ◆ 　素材缩略图的大小调节滑块，通过滑动滑块来放大或者缩小素材的缩略图。
- ◆ 　视图选项，根据不同的需求选择不同的编辑视图方式，包括"显示库面板""显示库和选项面板"和"显示选项面板"。

素材库界面如图 11-5 所示。

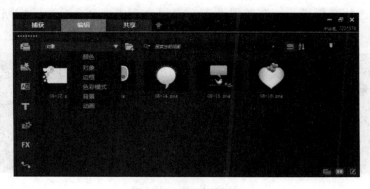

图 11-5　素材库界面

显示界面是对素材和项目进行预览的地方，也可以对素材进行裁剪，如图 11-6 所示。

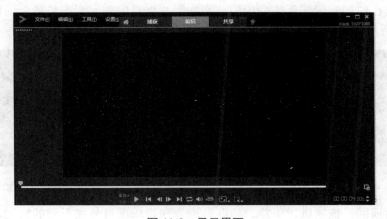

图 11-6　显示界面

其中，　叫作飞梭栏，我们可以通过调节两头的三角块来调整视频的长短。　，可以通过这三个工具按钮进行编辑。　按钮左边代表在播放状态下直接定位开始端，右边代表在播放状态下直接定位结束端；　按钮是裁剪按钮，当确定好开头和结束位置后，可以使用这个按钮对视频进行裁剪，　按钮是全屏按钮，可以使预览全屏，但是在全屏状态下无法编辑。　用于预览播放控制界面。

下面介绍编辑界面，工具栏属于编辑部分的核心，编辑的整个流程都是围绕工具栏中的时间轴来完成的，如图 11-7 所示。

图 11-7　编辑界面中工具栏

其中，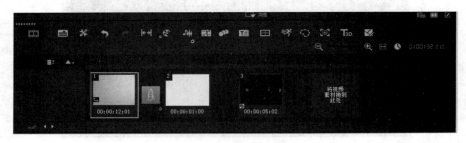为故事板模式，在该界面下，素材会变成一个个单独的缩略图，如图 11-8 所示。

图 11-8　故事板模式

为时间轴模式，这个模式也是最主要的一个模式，相比于故事板模式，几乎所有的编辑处理都是在时间轴模式下来完成的。它为影片项目中的元素提供最全面的显示。其界面如图 11-9 所示。

图 11-9　时间轴模式

"时间轴视图"按视频、覆盖、标题、声音和音乐项目分成不同的轨道，不同的轨道的含义也不同。

- ◆ 视频轨：主要包含视频、图像等素材和转场效果等。
- ◆ 覆盖轨：主要包含覆盖素材，可以是视频、图像或色彩等素材。
- ◆ 标题轨：包含各类标题文本。
- ◆ 声音轨：包含声音旁白等素材。
- ◆ 音乐轨：包含各种音频文件素材。

"时间轴视图"主要包含以下一些功能。

◆ **[icon]**：单击该按钮，可以显示项目中的所有轨道。

◆ **[icon]** 轨道管理器：单击该按钮，可以打开"轨道管理器"对话框，在其中可以开启和取消需要使用的轨道。

◆ **[icon]** 添加/删除章节点；单击该按钮，可在影片中添加/删除章节或提示点。

◆ **[icon]** 自动滚动时间轴；单击该按钮，可以自动滚动时间轴。

◆ **[icon]** 向后/向前滚动；单击该按钮，可向后或向前滚动时间轴。

下面介绍使用故事板模式在视频轨上的素材之间添加转场效果。单击故事板模式按钮 **[icon]**，添加合适的转场效果到相邻两个素材中间的小方块中，如图 11-10 所示。

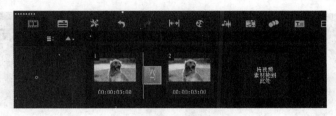

图 11-10　添加转场效果

这样在两个素材转换的时候就会出现相应的转场效果。

要想增加更多的素材，只需要回到"时间轴视图"中，在不同的轨道中添加需要的素材即可，如图 11-11 所示。

下面重点来介绍时间轴模式下的视频处理，时间轴的左侧如图 11-12 所示。

图 11-11　时间轴视图添加素材

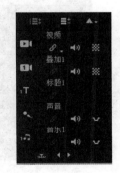

图 11-12　时间轴模式

视频轨是视频的主轨道。在这个轨道上，相邻两个素材必须在时间上连续，构成一个连续画面。将要制作的素材选好，按住鼠标左键，将其拖动到视频轨上，这样就在视频轨道上放置好一个素材了。

覆叠轨是配合视频轨做出一些特殊视频效果的轨道，这个轨道可以不连续，可以按照需要的时间段来选择覆叠轨中素材的位置，如图 11-13 所示。

图 11-13　覆叠轨

在覆叠轨中添加素材后，在相应的时间里，视频中会同时出现视频轨和覆叠轨中的素材，如图 11-14 所示，在原有的图片中添加文字标题。

除了可以直接在轨道中添加文字之外，还可以双击预览窗口中的图片添加文字，如图 11-15 所示。

图 11-14　覆叠轨添加文字效果图

图 11-15　直接添加文字

覆叠轨中的素材还能进行属性编辑，用鼠标双击要编辑的覆叠轨中的素材，编辑界面就会变为"显示选项面板"模式，如图 11-16 所示。

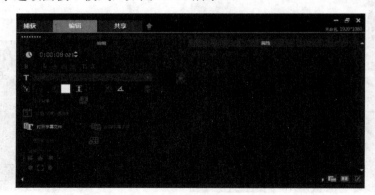

图 11-16　"显示选项面板"模式

在图 11-16 所示界面下方可以对素材进行编辑处理，单击"编辑"按钮可以对素材进行编辑。例如让素材翻转，调整素材播放速度，调整素材的色彩以及素材时间排列等。

覆叠轨可以添加，单击轨道管理器图标按钮 ，弹出"轨道管理器"对话框，如图 11-17 所示。

选定需要的覆叠轨，单击"确定"按钮。

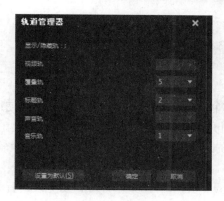

图 11-17　轨道管理器

在轨道部分就会出现想要的覆叠轨，最多能打开 6 个覆叠轨。

当然，除了添加素材之外，也可以套用标题选项中已有的素材，如图 11-18 所示。编辑方式参考上面所讲内容。

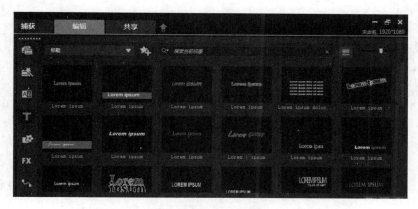

图 11-18　套用已有素材

使用会声会影可以将视频中的精彩部分剪辑出来，再配上字幕、音乐和旁白，编辑成一部完整的影片，最后通过"工具"菜单中的命令直接刻录永久珍藏，如图 11-19 所示。

图 11-19　创建光盘

11.3 数字视频格式转换工具

数字媒体文件的类型多种多样，不同的多媒体制作软件使用的文件格式不尽相同，有时需要进行格式转换。下面介绍一种常见的数字媒体格式转换工具——格式工厂。

格式工厂(Format Factory)是一款多功能的多媒体格式转换软件，截止到 2019 年 7 月 4 日，已更新到 4.8 版本。

格式工厂适用于 Windows 操作，可以实现大多数视频、音频以及图像不同格式之间的相互转换。转换具有设置文件输出配置、增添数字水印等功能。下面介绍格式工厂的功能。

(1) 几乎支持所有类型的多媒体格式相互转换。

(2) 转换过程中可以修复某些损坏的视频文件，让转换质量无破损。

(3) 多媒体文件减肥，使文件变得"更瘦，更小"，达到节省硬盘空间的目的，同时也方便保存和备份。

(4) 支持 iPhone、iPod、PSP 等多媒体指定格式。

(5) 转换图片文件时支持缩放、旋转、水印等功能，让操作一气呵成。

(6) DVD 视频抓取功能，轻松备份 DVD 到本地硬盘。

(7) 支持 62 种国家语言。

使用软件时，前往官网下载安装程序。双击安装程序进行安装，如图 11-20 所示。

图 11-20　安装界面

下面介绍使用格式工厂转换视频的方法。

双击程序图标，进入主界面，如图 11-21 所示。

打开格式工厂，进行格式转换，假设需要将某视频文件转换为.avi，要做的就是单击界面左侧的工具栏中的"视频"区。找到 AVI 图标，单击后在弹出的对话框中单击"输出配置"按钮，在预设配置中可以看到多种预设配置，如图 11-22 所示。

下面设置输出参数：将"预设配置"设置为 320×240 MJPEG PCM 即可，其他参数可根据实际需要进行选择，如图 11-23 所示。

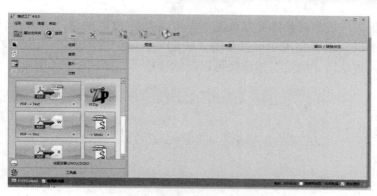

图 11-21　格式工厂主界面

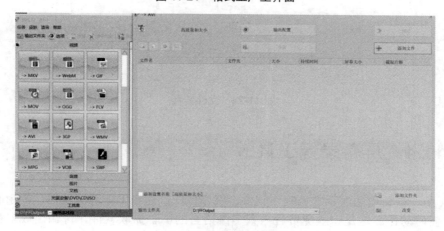

图 11-22　预设配置界面

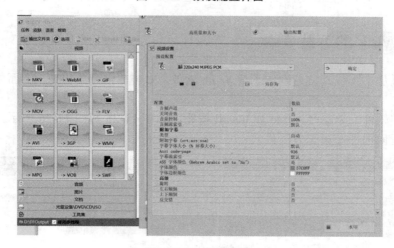

图 11-23　配置参数

对于视频流，其中屏幕大小无须改动，需要改动的主要是每秒帧数。帧数越大，视频就越流畅，体积也越大，反之亦然。对于一般的视频，设置在 18～20 帧，而对于一些动作片，画面切换得很快的视频，则要选择最高帧数为 25，但不能超过 25 帧，因为 CP 只支持最高 25 帧的视频，超过了就只有声音而没有图像了。

对于音频流，一般的视频选择默认选项即可，要是 MV 的话，可以适当提高一些。其他的设置不需要动，设置完成后可以单击"确定"按钮。然后单击"添加文件"按钮添加要转换的文件，再单击"确定"按钮就可以开始转换了，如图 11-24 所示。

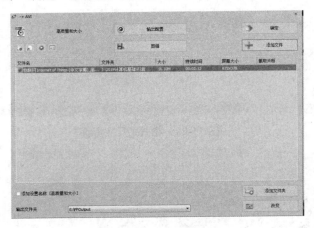

图 11-24　文件转换

 ## 11.4　屏幕录像工具

Wink 是一款免费的演示文档制作软件，就好像一部超级 DV 录屏软件，能录制下电脑屏幕上的任何动作。这是一款免费且内置多国语言的屏幕抓取软件，可输出成多种不同格式的教学文件，例如 Flash 动画文件、EXE 可运行文件、HTML 网页文件、PDF 文件等。

11.4.1　Wink 的下载安装

用户可以从华军或其官方网站下载 Wink 软件，安装非常简单快速，下面以 Wink2.0 为例进行介绍。

双击安装软件，单击 I Agree 和 Install 按钮，如图 11-25 和图 11-26 所示。整个安装过程没有捆绑任何插件及第三方工具。

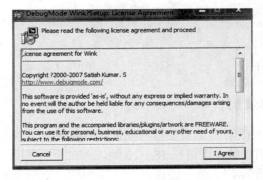

图 11-25　Wink2.0 安装初始画面

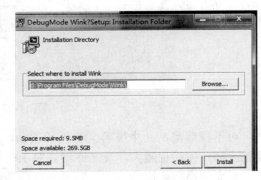

图 11-26　单击 Install 按钮

11.4.2　Wink 的界面语言设置

　　Wink 虽然是由国外公司推出的一款图像及视频捕捉软件，但它支持多种语言，其中也包括中文。用户只需在界面中选择 File | Choose Language | Simplified Chinese 菜单命令，再重新启动程序，界面就会变成简体中文了，如图 11-27 和图 11-28 所示，可以看到 Wink 的界面设计比较简单，同时也很传统。

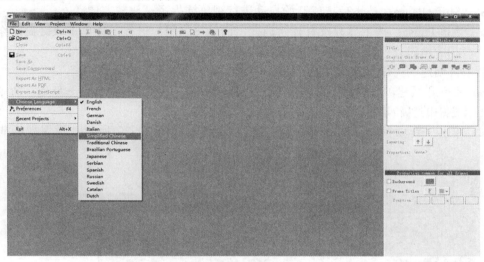

图 11-27　Wink 语言设置

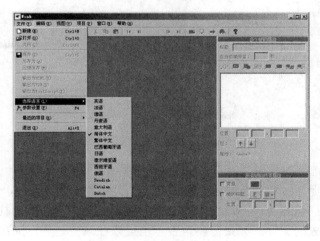

图 11-28　设置成中文后的界面

11.4.3　Wink 的屏幕录像

1．创建新项目

　　用户可以通过文件菜单中的新建命令或者工具栏中的新建快捷按钮，创建一个新项目来保存要录制的视频。创建新项目分为两步。

(1) 为视频捕捉进行一些参数设定，如是否要录音、录制视频时是否隐藏自身窗口、录制的矩形区域大小、录制的速度等。

(2) 用户可以根据提示，按下捕捉快捷键进行视频录制。如果要结束视频捕捉，只需再次按下快捷键即可。

注意以下快捷键。

◆ Pause：仅捕捉当前画面。

◆ Shift+Pause：按下后，就开始自动进行视频捕捉了，比较方便。

◆ Alt+Pause：按下后并没有开始捕捉，而是每当用户进行鼠标单击或键盘操作时才相应地进行一次捕捉操作，并非持续捕捉。

新项目创建的操作步骤如下。

(1) 要打开新建项目向导，可以按下快捷键 Ctrl+N，或者选择"文件→新建"命令或者单击工具栏中的"新建"按钮。

(2) 弹出"新项目向导-第一步/共两步"对话框，如图 11-29 所示，设置视频捕捉的参数。

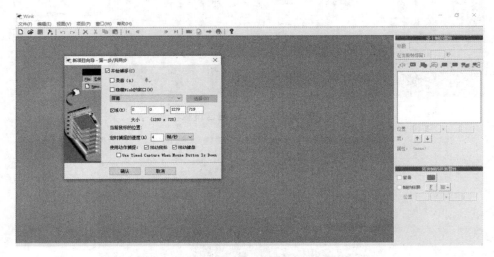

图 11-29　创建新项目并进行参数设置

下面介绍几个选项的作用。

◆ "开始捕捉"：默认是选中的。

◆ "录音"：强烈建议不选。一般很多教程不需要声音，不录制声音可以极为明显地缩小生成的文件。如果需要声音，也可以在录完之后，加在每一帧上，这样既精确，又便于修改。

◆ "隐藏 Wink 窗口"：建议选中。具体有什么用？试一下就知道了。没错，就是把Wink 主窗口隐藏起来，这样便于接下来选择"录制范围"。

◆ "录制范围"：可以是全屏、窗口、自定义矩形、预定义的矩形(如 800×600，400×300 等)。建议选"窗口"，然后单击"选择"按钮，移动光标，Wink 就可以识别窗口了。这样自动选取的窗体边缘很精确，不会带有白边。当然，选择窗口后，可以拖动绿框的四边进行手工调节；或直接修改"区域"的坐标值。

◆ "定时捕捉的速度"：一般用默认值。实际上，这个值在"定时捕捉"状态时
生效。

◆ "使用动作捕捉"：建议最多选取"鼠标"，而不选按键。如果按一次键则截一
次屏，尤其在输入文字时，会导致录制文件偏大。和上面一样，这个设定是"使
用动作捕捉"时起作用。

(3) 用户在托盘模式下根据按下的开始捕捉快捷键进行捕捉，捕捉完成后单击"结束"
按钮，如图 11-30～图 11-32 所示。

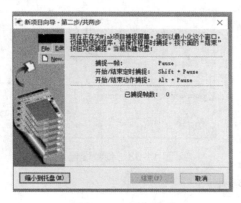

图 11-30　托盘模式

图 11-31　托盘模式右键选择开始

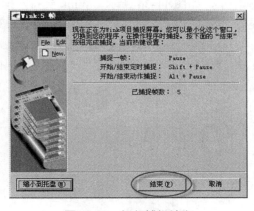

图 11-32　视频捕捉结束

向导第二步，其实是再次确认快捷键。这些热键可以自定义，方法是选择"文件"→
"参数设置"命令，在弹出的对话框中设置，如图 11-33 所示。

这里有三个键。

◆ 捕捉单帧：按下这个键，Wink 就捕捉一帧。这是用得最多的一个键，也是 Wink
的精华所在。正是因为有了它，才使得 Wink 录制的 Flash 比任何其他录制软件都
小很多。简言之，它可以让用户决定什么时候才捕捉屏幕。

◆ 定时捕捉：按下这个键，则 Wink 开始定时捕捉(译为"自动捕捉"更准确)；再按
一次，则停止自动捕捉。自动捕捉是最浪费资源的方式，因为无论屏幕是否变化，

它都要记录一帧，相当于记录了垃圾数据。警告：这种模式运行十几分钟，就可能导致占用资源过多，使计算机失去响应！所以，定时捕捉的时间应尽可能短。

◆ 动作捕捉：也就是说，按下此键后，Wink 会根据上面设定的键盘、鼠标动作，开始/停止捕捉。

最后，单击"缩小到托盘"按钮，Wink 就待命捕捉了。也就是说，根据按下的上述三个键，进行不同的捕捉。

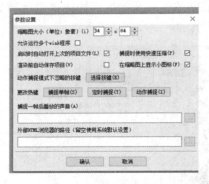

图 11-33　参数设置

2．Wink 的后期编辑操作

完成录制后，所有被捕获的帧就会显示在界面的下方，此时就可以对其进行后期的编辑操作了，如图 11-34 所示。Wink 支持对捕获的每一帧进行详细的编辑及设置，例如添加标题、设定停留时间、加入声音图像、重新变换位置等。

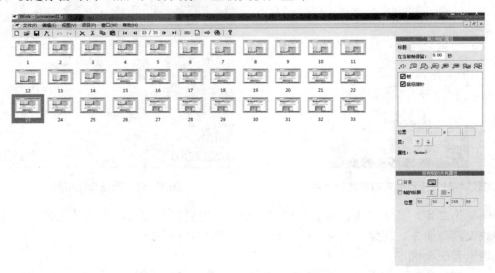

图 11-34　录制完成后可进行后期编辑操作

3．Wink 的视频文件输出

当用户成功录制完视频文件后，就可以进行文件输出了。Wink 支持多种类型的文件输出，可以输出为 Flash 动画文件、EXE 可运行文件、HTML 网页文件及 PDF 文件等。通过

文件菜单，可以直接输出 PDF 及 HTML 格式，如图 11-35 所示。另外，还可通过 "项目" | "设置" 菜单命令、快捷键 F3 或者工具栏快捷按钮，将设置文件输出为 EXE 或 SWF 动画格式，但还需再通过 "项目" | "渲染" 菜单命令、快捷键 F7 或者快捷按钮进行渲染操作，此时才能真正生成动画文件，如图 11-35～图 11-39 所示。操作完毕后，用户还可通过快捷键 F8 或者快捷按钮，来查看最终生成的视频文件的效果，当然也可以双击生成的文件来查看。

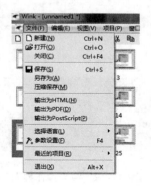

图 11-35　选择输出为 PDF 或 HTML 格式

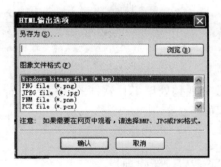

图 11-36　输出 HTML 格式文件

图 11-37　输出 PDF 格式文件

图 11-38　输出 EXE 或 SWF 动画格式文件

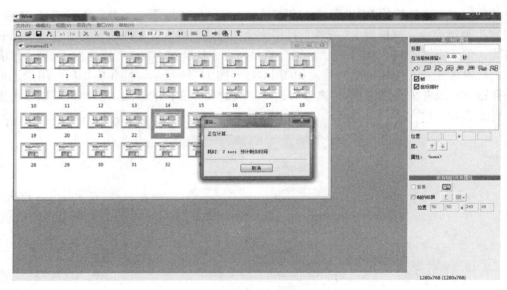

图 11-39 渲染操作界面

总之，Wink 是一款免费小巧的视频录制软件。其操作简单，功能卓越，饱受好评，是制作视频教程，录制视频文件的绝佳选择。

 11.5 回到工作场景

通过 11.2～11.4 节内容的学习，已经掌握了数字视频处理工具软件的使用方法，并足以完成 11.1 节工作场景中的任务。具体的实现过程如下。

【工作过程一】

制作一个表达母爱的电子相册，将素材准备好了之后，新建项目。

(1) 导入并添加素材。单击编辑功能区"添加"按钮，增加素材列表名称"母亲节相册"，单击"打开"按钮，将素材导入素材列表，如图 11-40 所示。

图 11-40 导入素材

(2) 添加素材到视频轨。将素材库里导入的图片素材全部拖到视频轨中，如图 11-41

所示。

图 11-41　将素材添加到视频轨

（3）编辑添加的照片。双击需要修改的图片，假设对"颜色"进行编辑，进入"颜色"编辑区，如图 11-42 所示。

使用上面的方法调整所有图片素材的色彩。

（4）为图片应用摇晃效果。要使本来静止的图片能够产生视频一样的动态效果。操作如下：选择一张图片，在"选项面板"中选择"摇动和缩放"选项，选择需要的摇晃效果，并预览播放效果，如图 11-43 所示。

图 11-42　"颜色"编辑区

图 11-43　设置"摇动和缩放"效果

如果对预览效果不满意，可单击"自定义"按钮，在"摇动和缩放"对话框中设置照片摇动和缩放效果，如图 11-44 所示。

（5）添加转场效果。单击"转场"图标，进入"转场"素材库，为图片添加合适的转场效果。选择"相册"效果，右击"转场"效果，选择"对视频轨应用当前效果"命令，则所有的图片之间都添加该转场效果，如图 11-45 所示。

还可以单击"自定义"按钮，对效果进行设置，其界面如图 11-46 所示。

图 11-44 "摇动和缩放"对话框

图 11-45 添加"翻转"转场效果

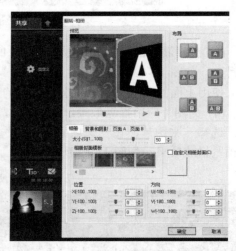

图 11-46 自定义"翻转"效果

(6) 输出相册。通过"预览界面"播放视频,完成后将项目输出。单击"共享"按钮,选择想要输出的视频文件格式,如 AVI,渲染保存即可,如图 11-47 所示。至此,一个电子相册就制作完成了。

图 11-47 输出视频

【工作过程二】

(1) 打开格式工厂，然后将左边的格式选择面板切换到"视频"这一分类，在视频分类中选择 FLV，如图 11-48 所示。

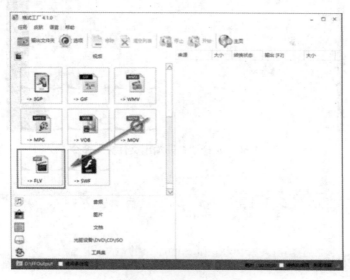

图 11-48　选择视频格式

(2) 在弹出的对话框中，单击右上角的"添加文件"按钮，选择转换的 AVI 格式的视频文件，单击"打开"按钮，返回对话框后单击"确定"按钮，如图 11-49 所示。

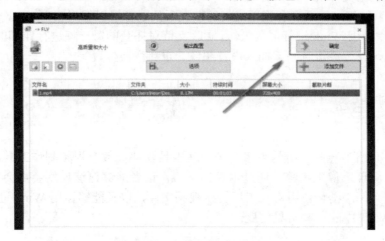

图 11-49　添加要转换的文件

(3) 返回主窗口，选中添加的文件，单击"开始"按钮，开始转换；转换成功之后，右击这个文件，在弹出的快捷菜单中选择"打开输出文件夹"命令(见图 11-50)，即可看到转换后的文件。

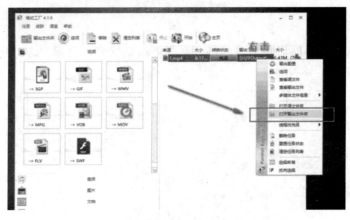

图 11-50　选择"打开输出文件夹"命令

 11.6　工作实训营

工作实践常见问题解析

【问题 1】如何将视频文件的格式转换为 AVI 格式？

【答】可以使用格式工厂，单击 AVI 按钮，同时还可在弹出的对话框中单击"输出配置"按钮，对输出文件的大小进行选择。

【问题 2】如何进行图像和视频捕捉？捕捉后的录像可以编辑吗？

【答】可以使用 Wink 进行屏幕录像，同时支持对捕获的每一帧进行详细的编辑及设置，例如添加标题、设定停留时间、加入声音图像、重新变换位置等。

 小　结

本章主要介绍了一些常用的数字视频处理工具软件：数字视频制作工具、数字视频格式转换工具、屏幕录像工具等。通过本章的学习，读者能够熟练使用会声会影软件编辑素材，制作视频文件，学会使用格式工厂转换视频文件，以及能够运用 Wink 进行屏幕录像，解决数字视频处理中的一些常见问题。

习　题

1. 使用会声会影工具，选取几张照片作为视频的素材，捕获素材。
2. 使用格式工厂将一个 AVI 视频文件转换成 MP4 格式。
3. 使用 Wink 录制一段播放视频的操作过程。

第 12 章

网络常用工具软件

 本章要点

- 使用迅雷下载和管理文件
- 使用百度网盘存储文件
- 腾讯 QQ 的功能和使用
- 微信电脑版的功能和特点
- 360 浏览器的使用

 技能目标

- 掌握迅雷下载和管理文件的方法
- 掌握利用微信电脑版进行语音、视频聊天以及数据的管理与备份的方法
- 掌握使用 QQ 工具进行聊天的方法

12.1　工作场景导入

【工作场景】

老王退休在家，前些日子同学聚会发现老同学都在使用网络，有的下载电影观看，有的和远在国外的儿女视频聊天，老王也想下载一些老歌听一听，还想与子女通过网络相互联系，交流信息。

【引导问题】

(1) 如何下载电影？
(2) 如何使用聊天工具进行聊天？
(3) 如何收发邮件？

 ## 12.2　网络下载工具

12.2.1　迅雷简介

迅雷是迅雷公司开发的一款基于多资源超线程技术的下载软件，作为"宽带时期的下载工具"，迅雷针对宽带用户做了优化，并同时推出了"智能下载"服务。迅雷利用多资源超线程技术基于网格原理，能将网络上存在的服务器和计算机资源进行整合，构成迅雷网络，通过迅雷网络传递各种数据文件。

下面介绍迅雷 X 10.1.15.448 版本的功能特点及其使用方法。

(1) 多资源超线程技术具有互联网下载均衡功能，在不降低用户体验的前提下，迅雷网络可以对服务器进行均衡。

(2) 注册并用迅雷 ID 登录后可享受更快的下载速度，拥有非会员特权(例如高速通道流量的多少，宽带大小等)。迅雷还拥有 P2P 下载等特殊下载模式。

(3) 迅雷旗下产品覆盖 Windows/Mac/iOS/Android 系统，囊括了结合本地与互联网在线高清点播的客户端软件"迅雷影音"。

(4) 迅雷为用户提供了"迅雷会员"增值服务，迅雷会员可享受多种功能及特权。

12.2.2　使用迅雷下载文件

使用迅雷下载文件的方法十分简单便捷，下面以下载 Office 办公软件为例来介绍其具体的操作步骤。

(1) 将计算机连接到 Internet，然后在要下载的网页中右击下载链接，再在弹出的快捷菜单中选择"使用迅雷下载"命令，如图 12-1 所示。

图 12-1　选择"使用迅雷下载"命令

(2) 弹出如图 12-2 所示的"添加新的下载任务"对话框，然后对文件的保存位置、文件的名称进行设置，再单击"立即下载"按钮。

图 12-2　添加新的下载任务

(3) 计算机将启动迅雷，然后通过迅雷下载文件，界面如图 12-3 所示。

图 12-3　开始下载文件

(4) 在文件下载过程中，可以右击该文件，在弹出的快捷菜单中选择"删除""彻底删除""移动文件到"等命令，对正在下载的文件进行管理，快捷菜单如图 12-4 所示。

图 12-4　快捷菜单

(5) 下载完毕后，用户即可在设置的保存位置中找到该文件。

12.3　网络存储工具——百度网盘

百度网盘(原百度云)是百度推出的一项云存储服务，首次注册即有机会获得 2TB 的使用空间，已覆盖主流 PC 和手机操作系统，包含 Web 版、Windows 版、Mac 版、Android 版、iPhone 版和 Windows Phone 版。

用户可以轻松地将自己的文件上传到网盘，并可跨终端随时随地查看和分享。

下面介绍百度网盘个人版的功能特点及使用方法。

(1) 网盘：提供多元化数据存储服务，支持最大 2TB 容量空间，用户可自由管理网盘存储文件。

(2) 个人主页：提供个性化分享功能，用户可通过关注功能获得好友分享动态，实现文件共享。

(3) 群组功能：百度网盘推出多人群组功能，既能够单纯点对点，更可以一对多、多对多直接对话。

(4) 相册：用户可以通过云相册来便利地存储、浏览、管理自己的照片，用照片记录和分享生活中的美好。

(5) 百度网盘还具有人脸识别、通讯录备份、手机找回、手机忘带、记事本等功能。

12.3.1　百度网盘登录简介

登录百度网盘的具体操作步骤如下。

(1) 将计算机连接到 Internet。

(2) 进入百度网盘界面，弹出如图 12-5 所示的扫一扫登录界面(手机端)或账号密码登录界面(电脑端)。

图 12-5　登录百度网盘

(3) 输入用户名和密码后，单击"登录"按钮，会出现如图 12-6 所示界面。

图 12-6　安全验证

(4) 进入百度网盘主界面，可以看到"上传""新建文件夹"等按钮，以及来自"百度文库""百度相册"等的文件，如图 12-7 所示。

图 12-7　百度网盘主界面

12.3.2 使用百度网盘下载文件

下面介绍如何利用百度网盘来下载文件。

(1) 将计算机连接到 Internet,然后启动百度网盘。

(2) 进入百度网盘主界面,单击"找资源"选项,如图 12-8 所示。

图 12-8 单击"找资源"选项

(3) 显示百度网盘可下载的资源类型,如图 12-9 所示。

图 12-9 百度网盘可下载的资源类型

(4) 选择百度文库,进入如图 12-10 所示的百度文库主界面。

图 12-10 百度文库主界面

(5) 选择任一类型的文件，就可以进行下载了，如图 12-11 所示。

图 12-11　下载文档页面

 ## 12.4　使用 CuteFTP 上传文件

使用 CuteFTP 同样可以把文件上传到远程服务器上，下面将介绍如何利用 CuteFTP 来上传文件。

(1) 将计算机连接到 Internet，然后启动 CuteFTP。

(2) 切换到左侧的 Site Manager 选项卡，任选一个 FTP 网址，然后双击它，如图 12-12 所示。

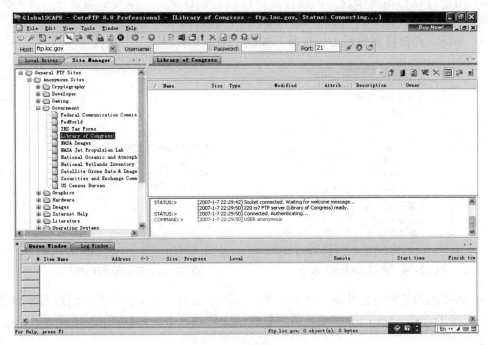

图 12-12　选择 FTP 网址

(3) 右侧将显示该 FTP 服务已有的资源，如图 12-13 所示。

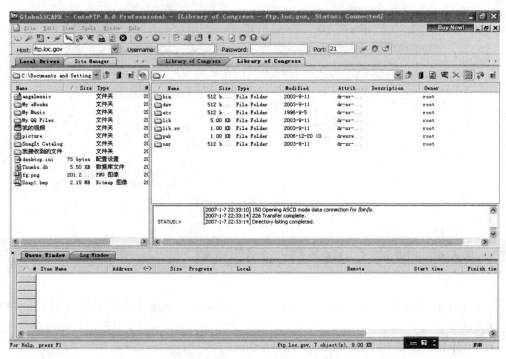

图 12-13　FTP 已有的资源

(4) 用户可以将本地硬盘上的文件直接拖到右侧目录中，或者右击文件，然后弹出如图 12-14 所示的快捷菜单，再选择 Upload 命令，就可以上传该文件了。

(5) 等待队列窗格会显示上传任务，如图 12-15 所示。

图 12-14　选择 Upload 命令　　　　图 12-15　等待队列窗格

(6) 如果因为某种问题中断了上传过程，下次只要右击该上传任务，然后在弹出的快捷菜单中选择 Transfer Selected 命令，就可以继续上传该任务了，如图 12-16 所示。

图 12-16　选择 Transfer Selected 命令

12.5　网络通信工具

12.5.1　腾讯 QQ 简介

腾讯 QQ 是深圳市腾讯计算机系统有限公司开发的一款实时通信软件。它拥有庞大的用户群，现在已发展成为中国第一大实时通信工具。

腾讯 QQ 的功能十分强大，使用 QQ 可以实现在网络虚拟世界的无限交流。

腾讯 QQ 的主要功能如下。

(1) 文字聊天：和好友使用文字进行聊天。

(2) 语音聊天：可以听到好友的声音，直接与对方进行交谈。

(3) 视频聊天：不仅可以与好友进行交谈，而且可以看到好友的画面。

(4) 传送文件：可以将文件传送给好友。

(5) 发送邮件：可以将邮件发送到好友的邮箱里。

12.5.2　登录并使用 QQ 聊天

登录 QQ 的方式有手机号码、QQ 号码和电子邮件三种。本文以 QQ 号码方式为例进行介绍。

(1) 选择"开始"|"所有程序"|"腾讯软件"|"腾讯 QQ"命令或双击 QQ 快捷方式图标启动该软件，弹出 QQ 用户登录界面，如图 12-17 所示。

(2) 在账号文本框中输入申请到的 QQ 号码，在"密码"文本框中输入 QQ 密码，然后单击"登录"按钮。

(3) 登录成功后，将出现 QQ 操作主面板，如图 12-18 所示。

(4) QQ 设置完成后就可以添加好友并与好友进行聊天了。

图 12-17　QQ 登录界面

1. 添加好友

查找和添加好友是进行聊天和交流的前提。下面介绍添加好友的操作步骤。

(1) 启动 QQ，单击 QQ 主面板上的"搜索"按钮，弹出"搜索"主界面，如图 12-19 所示。

图 12-18　QQ 主面板　　　　　　　　图 12-19　"搜索"界面

(2) 选择"加好友"选项，输入查找条件，单击"查找"按钮，将显示查询结果，如图 12-20 所示。

图 12-20　查找人/群等

(3) 选中要添加的好友，单击"加为好友"选项，弹出添加好友验证对话框。

(4) 在验证信息文本框中输入验证信息，等待对方确认。如果对方同意加为好友，则完成好友的添加，否则用户无法添加该号码，如图 12-21 所示。

图 12-21　输入验证信息界面

2．文字聊天

在 QQ 中添加好友以后就可以和添加的好友聊天了。下面介绍与好友进行聊天的操作。

(1) 双击 QQ 主界面上"我的好友"列表中好友的头像，弹出聊天窗口，如图 12-22 所示。

图 12-22　聊天窗口

(2) 在聊天窗口下面的文本框中输入聊天内容，单击"发送"按钮，即可与好友聊天。如果聊天窗口上面的文本框中显示了刚才输入的聊天内容，就表示好友已经收到信息，聊天窗口上面文本框中显示的对方的信息就是对方输入的内容。

3．语音和视频聊天

腾讯 QQ 不仅可以进行文字聊天，还可以进行语音和视频聊天。使用语音聊天可以直接与好友进行交谈，免去文字输入过程。

打开聊天窗口，单击 按钮，如果对方接受请求，就会建立连接，连接建立好之后就可以用话筒和好友进行语音聊天了，如图 12-23 所示。

图 12-23　语音聊天

如果要结束语音聊天，单击"挂断"按钮，或直接关闭聊天窗口即可。

语音聊天只能听到对方的声音，视频聊天不仅可以听到声音，还可以看见对方的影像。下面就介绍视频聊天的操作步骤。

(1) 单击"我的好友"列表中的好友的头像，弹出聊天窗口。

(2) 单击聊天窗口中的 图标按钮就会向好友发出视频聊天请求。

(3) 如果对方接受请求，就会建立连接，连接建立好之后就可以和好友进行视频聊天了，聊天窗口将显示对方的影像，如图 12-24 所示。

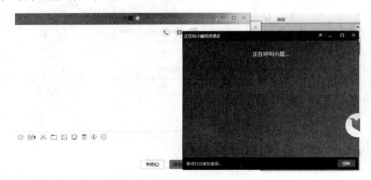

图 12-24　视频聊天

(4) 单击"挂断"按钮即可关闭视频聊天。

12.5.3　使用 QQ 邮箱

(1) 单击 图标，进入 QQ 邮箱，如图 12-25 所示。

图 12-25 单击 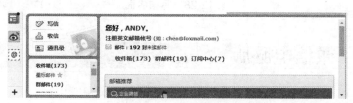 图标

(2) 邮箱主界面如图 12-26 所示。

图 12-26 QQ 邮箱主界面

(3) 在左侧的导航栏中，有写信、收信、通讯录等项目，如图 12-27 所示。

图 12-27 QQ 邮箱导航栏

(4) 单击"写信"按钮，进入如图 12-28 所示界面，先在收件人位置填写地址，然后写邮件的主题，正文里可以写文字，还可以添加附件、超大附件等，在界面右侧有常用联系人等信息。

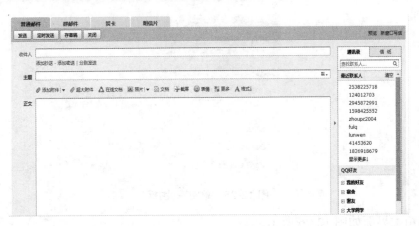

图 12-28　写信界面

 12.6　微信电脑版

12.6.1　微信电脑版简介

微信电脑版是微信官方推出的微信网页版客户端，通过微信电脑版可以享受和微信网页版一样的服务。微信电脑版的功能与手机版一样，手机和电脑同步备份聊天记录。微信电脑版是一款跨平台的通信工具，支持单人、多人参与，可发送语音、图片、视频和文字，也可以进行语音通话和视频通话，非常方便。

12.6.2　微信电脑版的下载与安装

(1) 用百度搜索微信电脑版软件，选择其中最新一版进行下载，界面如图 12-29 所示。

图 12-29　下载界面

(2) 双击.exe 文件，进入微信电脑版安装界面，选中"我已阅读并同意服务协议"复选框，如图 12-30 所示。

(3) 单击"更多选项"按钮，弹出更改安装路径界面，单击程序安装目录右侧的"浏览"按钮，可以选择微信电脑版软件安装的位置，选择完成后，单击"安装微信"按钮，如图 12-31 所示。

图 12-30　选中"我已阅读并同意服务协议"复选框

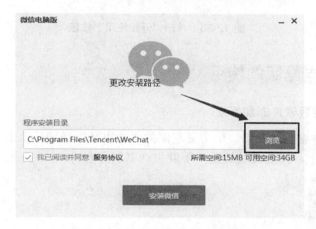

图 12-31　"更改安装路径"界面

(4) 软件安装速度很快，用户只需要耐心等待即可，如图 12-32 所示。

图 12-32　显示微信安装进度

(5) 微信电脑版安装完成，单击"开始使用"按钮就可登录电脑版微信了，如图 12-33 所示。

图 12-33　单击"开始使用"按钮

12.6.3　微信电脑版的使用

1．用微信电脑版软件添加好友

(1) 打开微信电脑版软件后，单击最左侧的"通讯录"选项，单击"新的朋友"选项。
注：在微信网页版中，只能被动接受，不能主动添加好友。

图 12-34　"新的朋友"界面

(2) 如果想添加群聊里的人，首先需要找到群聊，再找到要添加的联系人，如图 12-35 所示。

图 12-35　找到群聊中的联系人

(3) 单击联系人的头像，然后会跳出该联系人的名片，名片右下角是一个小人头标志，只要联系人不是自己的好友就会出现这个图标，如图 12-36 所示。

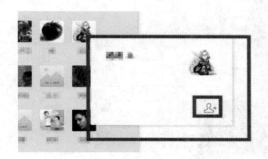

图 12-36　添加群聊里的好友

(4) 输入验证信息，单击"确定"按钮就可以了，如图 12-37 所示。

图 12-37　发送添加好友验证信息

2．使用微信电脑版语音及视频聊天

打开安装好的微信，找到想进行语音或视频聊天的人，双击，然后单击 📞 或 📷 图标就可以和对方进行语音或视频聊天了，如图 12-38 所示。

图 12-38　语音和视频聊天窗口

3．备份和恢复微信电脑版聊天记录

(1) 打开安装好的微信软件，单击左下角的三个横杠图标，在弹出的菜单中单击"备份与恢复"选项，如图 12-39 所示。

图 12-39　单击"备份与恢复"选项

(2) 可以选择将聊天记录备份到电脑或恢复至手机，如图 12-40 所示。

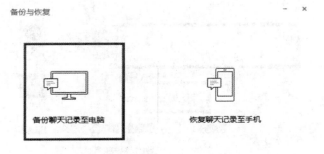

图 12-40　管理与备份文件

 # 12.7　网页浏览工具——360 浏览器

12.7.1　360 浏览器简介

　　360 安全浏览器(360 Security Browser)是 360 安全中心推出的一款基于 IE 和 Chrome 双内核的浏览器，是世界之窗开发者凤凰工作室和 360 安全中心合作的产品。和 360 安全卫士、360 杀毒等软件产品一同成为 360 安全中心的系列产品。360 安全浏览器拥有全国最大的恶意网址库，采用恶意网址拦截技术，可自动拦截挂马、欺诈、网银仿冒等恶意网址。独创沙箱技术，在隔离模式下即使访问木马也不会感染。

　　软件特色如下。

(1) 智能拦截钓鱼网站和恶意网站、开心上网安全无忧。

(2) 智能检测网页中的恶意代码，防止木马自动下载。

(3) 集成全国最大的恶意网址库，网站好坏大家共同监督评价。

(4) 即时扫描下载文件，放心下载安全无忧。

(5) 内建深受好评的 360 安全卫士流行木马查杀功能，即时扫描下载文件。

(6) 木马特征库每日更新，查杀能力媲美收费级安全软件。

(7) (超强安全模式)采用"沙箱"技术，真正做到百毒不侵。

(8) 将网页程序的执行与真实计算机系统完全隔离，使得网页上任何木马病毒都无法感染计算机系统。

(9) 颠覆传统安全软件"滞后查杀"的现状，所有已知未知木马均无法穿透沙箱，确保安全。

(10) 体积轻巧功能丰富(一个网页多个窗口)，媲美同类多窗口浏览器等。

12.7.2　360 浏览器的使用

(1) 将计算机连接互联网，下载并安装 360 浏览器，如图 12-41 所示。

图 12-41　安装 360 浏览器

(2) 打开 360 浏览器主页，如图 12-42 所示。

图 12-42　360 浏览器主页

(3) 在"工具"菜单中选择"选项"命令，即可进行一些安全设置，如图 12-43 所示。

(4) 进入"选项"页面，如图 12-44 所示，可看到有基本设置、界面设置、安全设置等选项。

图 12-43　安全设置界面

图 12-44　选项设置

(5) 所有选项设置完成后，进入搜索栏，以输入 sohu 为例，找到"搜狐"网址，便可以进入浏览，如图 12-45 所示。

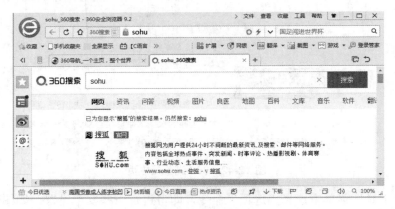

图 12-45　搜索网页

12.8　回到工作场景

通过 12.2～12.6 节内容的学习，掌握了一些网络常用处理工具软件，并足以完成 12.1 节工作场景中的任务。具体的实现过程如下。

【工作过程一】

迅雷下载文件的方法十分简单便捷，下面以下载电影为例来介绍其具体的操作步骤。

(1) 将计算机连接到 Internet，然后在相关网站(如电影天堂)查看可下载的电影，如图 12-46 所示。

```
·[最新电影下载]2019年高分剧情《爱尔兰人/爱尔兰杀手》BD中英双字幕        2019-11-29
·[最新电影下载]2019年剧情《唐顿庄园电影版》BD中英双字幕              2019-11-28
·[最新电影下载]2018年悬疑动作《雪暴》BD国语中字                   2019-11-28
·[最新电影下载]2019年剧情惊悚《官方机密》BD中英双字幕             2019-11-27
·[最新电影下载]2019年高分剧情《少年的你》HD国语中字              2019-11-26
·[最新电影下载]2019年剧情冒险《攀登者》HD国语中英双字            2019-11-25
·[最新电影下载]2019年剧情《金翅雀》BD中英双字幕                  2019-11-25
·[最新电影下载]2019年高分获奖《好莱坞往事》BD中英双字幕          2019-11-24
·[最新电影下载]2018年动画冒险《猫与桃花源》BD国粤双语中字        2019-11-24
·[最新电影下载]2019年恐怖《准备好了没/弑婚游戏》BD中英双字幕     2019-11-23
·[最新电影下载]2019年剧情悬疑《双魂》BD国粤双语中字             2019-11-23
·[最新电影下载]2019年科幻动作《双子杀手》HD中英双字幕           2019-11-21
·[最新电影下载]2019年奇幻《天堂山/天堂山莊》BD中英双字幕         2019-11-21
·[最新电影下载]2019年恐怖《小丑回魂2》BD中英双字幕             2019-11-20
·[最新电影下载]2019年奇幻动作《雷霆沙赞！》BD国英双语双字        2019-11-19
```

图 12-46　网站主页

(2) 选择要下载的电影，以电影《攀登者》为例，单击该链接，找到电影下载的地址，如图 12-47 所示。

【高速下载地址】

磁力链点击下载 攀登者.HD.1080p.国语中英双字.mp4

ftp://ygdy8:ygdy8@yg68.dydytt.net:7032/阳光电影www.ygdy8.com.攀登者.HD.1080p.国语中英双字.mp4

下载地址2：点击进入　温馨提示：如遇迅雷无法下载可换用无限制版尝试用磁力下载！

图 12-47　《攀登者》下载地址

(3) 右键复制链接地址，如图 12-48 所示。

(4) 打开迅雷软件，单击左上角的+图标，新建下载任务，如图 12-49 所示。

(5) 将链接地址复制过来，选择合适的存储地址，单击"立即下载"按钮即可进行电影下载，如图 12-50、图 12-51 所示。

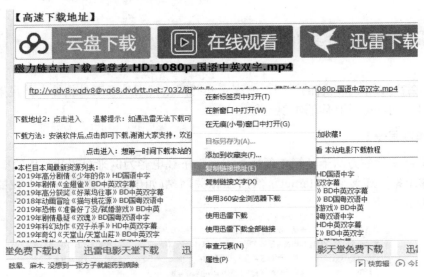

图 12-48　复制电影链接地址

添加下载链接

添加多个下载链接时，请确保每行只有一个链接。

添加BT任务　　添加批量任务

立即下载

图 12-49　添加下载链接

图 12-50　复制链接地址界面

图 12-51　电影下载界面

【工作过程二】

在 QQ 中添加好友以后就可以和好友聊天了，下面介绍如何与好友进行群聊、发送文件、发送邮件等操作。

1．发起群聊

(1) 进入和好友聊天的对话窗口后，不仅可以进行前面介绍的文字聊天、语音聊天和视频聊天操作，单击 图标还可以进行"发起群聊"操作，如图 12-52 所示。

图 12-52　"发起群聊"按钮

(2) 单击"发起群聊"按钮，即可进行群聊操作，如图 12-53 所示。

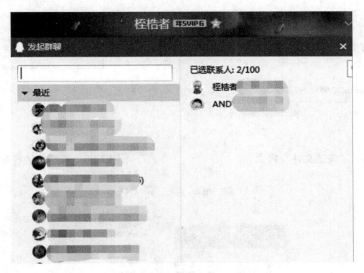

图 12-53　"发起群聊"界面

2．发送文件

(1) QQ 还可以进行在线/离线发送文件操作，单击"发送文件"选项，如图 12-54 所示。

(2) 选择要发送的文件，单击"发送文件"或"发送离线文件"选项即可进行发送文件，如图 12-55、图 12-56 所示。

3．发送邮件

(1) 在好友聊天窗口，单击 图标即可发送邮件，如图 12-57 所示。

(2) 单击"发送邮件"选项，即可进入 QQ 邮箱，如图 12-58 所示。

图 12-54　单击"发送文件"选项

图 12-55　"传送文件"界面　　　　　　　　　　　图 12-56　发送成功界面

图 12-57　单击"发送邮件"选项

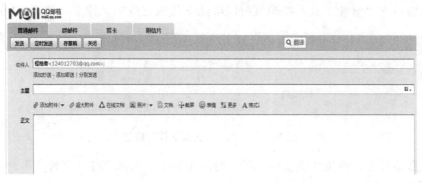

图 12-58 "QQ 邮箱"界面

 ## 12.9 工作实训营

12.9.1 训练实例

1. 训练内容

使用迅雷完成未完成的下载。

2. 训练目的

掌握迅雷的下载功能,学会继续下载未完成的任务。

3. 训练过程

如果下载的文件还没有下载完毕,但由于客观问题必须中断下载,那该怎么办?以后重新下载吗?迅雷就提供了导入未完成下载的功能,为用户节省了不少时间。下面介绍这项功能的操作步骤。

(1) 启动迅雷,然后单击正在下载的任务中的"暂停"按钮,弹出如图 12-59 所示的界面,文件下载处于暂停状态。

图 12-59 暂停下载

(2) 然后单击"继续下载"按钮就可以继续下载未完成的文件了，如图 12-60 所示。

图 12-60　单击"继续下载"按钮

(3) 右击该任务，弹出如图 12-61 所示的快捷菜单，选择"打开文件夹"命令，可以看到该任务的保存位置。

图 12-61　快捷菜单

(4) 根据上述位置，在计算机硬盘中找到下载完成的文件，如图 12-62 所示。

图 12-62　下载完成

12.9.2　工作实践常见问题解析

【问题 1】哪些软件可用于下载文件？

【答】可以使用迅雷下载文件，也可以使用网际快车 FlashGet 和 BT。

【问题 2】使用 CuteFTP 上传和下载文件与迅雷等软件有何不同？

【答】使用 CuteFTP 上传和下载文件时，可下载或上传整个目录且不会因为闲置过久而被踢出站台。

【问题 3】如何收发电子邮件？

【答】可以使用 QQ 邮箱收发电子邮件，发邮件时，收件人和主题是必须填写的内容。

【问题 4】如何在电子邮件中记录发件人的其他联系方式？

【答】可以使用 QQ 邮箱对邮件进行管理，在通讯簿中可以记载朋友、同事或者客户的联系方式、邮箱地址以及其他资料。

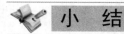 小　结

本章主要介绍了一些网络常用工具软件：网络下载工具、FTP 工具、网络通信工具和电子邮件客户端等。通过本章的学习，读者可以熟练使用迅雷和 CuteFTP 下载文件，学会用 CuteFTP 上传文件，学会使用腾讯 QQ 进行聊天，能够灵活掌握一些电子邮件的操作，例如收发电子邮件、管理邮件等。

习　题

1. 使用迅雷搜索并下载文件。
2. 使用迅雷继续下载未下载完毕的文件。
3. 使用腾讯 QQ 和好友聊天、语音聊天和视频聊天。
4. 使用 QQ 给好友传送文件。
5. 使用 QQ 发送邮件。
6. 掌握 360 浏览器的基本使用方法。

参 考 文 献

[1] 冉洪艳. 电脑常用工具软件标准教程(2018—2020版)[M]. 北京：清华大学出版社，2018.

[2] 段欣. 常用工具软件[M]. 5版. 北京：高等教育出版社，2018.

[3] 陈孝如，雷宇飞. 常用工具软件教程[M]. 北京：人民邮电出版社，2015.

[4] 朱接文. 常用工具软件立体化教程[M]. 北京：人民邮电出版社，2014.

[5] 李忠，卿琳. 常用工具软件应用实例[M]. 北京：科学出版社，2013.

[6] 陈红. 计算机常用工具软件实用教程[M]. 北京：清华大学出版社，2012.

[7] 曹海丽等. 计算机常用工具软件项目教程[M]. 北京：机械工业出版社，2011.

[8] 孙玮. 实用软件工程[M]. 北京：电子工业出版社，2011.